イラストでわかる!

ネコ学大図鑑

東京猫医療センター院長
服部 幸

宝島社

はじめに

ネコという動物のことがわかり、ネコと楽しく安心して暮らすための情報が揃う。そんな1冊を目指しました。

ネコと暮らす人、ネコ好きさんが増えているということが話題になっています。ペットに癒やされる気持ちは、動物好きな人、ペットと暮らしたことのある人ならだれでも納得できるものだと思います。中でもネコは、共に暮らしやすいことや、その愛らしい仕草、ちょっと気まぐれでミステリアスな面などが、多くのファンを惹きつけているのでしょう。

とはいえ、言うまでもなくネコは生き物です。ネコを愛する人が増えるのは嬉しいことですが、ネコとの暮らしをブームやトレンドで語ることはできません。生き物を愛するということは、いいところ、かわいいところだけでなく、ちょっと大変なことや難しいところも含めて、すべてを理解し、大切にするということです。

人間相手であれば、話し合ったり、お互いにゆずり合ったりすることができます。ギブアンドテイクという言葉もあります。けれど人間以外の動物とは、人間の言葉で伝え合うことができません。その分、相手の行動や表情、鳴き声などのすべてから、相手の気持ちを汲み取る必要があります。

飼い主さんに対してネコが伝えるいろいろなこと。それは、本能的に用心深く繊細であるネコが、信頼する相手にだけ見せる姿です。上手に汲み取り、適切に応えてあげることで、ネコとの暮らしはより楽しく充実したものになるはずです。

ネコにも個性があり、行動や情緒には個体差があります。それでも、本能からもたらされるような、ネコという種族にある程度共通した行動、相手に見せるサインもたくさんあるのです。ネコの一般的な性質、行動を知ったうえで、自分が接するネコをよく観察すること。ネコの行動や気持ちを、人間に勝手に当てはめないこと。そう心がけることで、愛猫とより気持ちが通じるようになってくるでしょう。

かたわらに眠るネコの、安心しきった無防備な様子。帰宅した飼い主さんを待ちかまえて、すりよってくる仕草。食事のあと、満ち足りて毛づくろいをするひととき。「遊んで」「撫でて」「抱っこして」と甘えてくる姿。ときには、呼んでも無視したり、撫でようとしたらスルリと逃げていったりするつれない素振りまで……。そのすべてが、ネコが私たちに与えてくれる癒やしであり、愛情あふれるメッセージです。

そんなネコとの触れ合いや暮らしが、もっと楽しいものになりますように。ネコ好きさんとネコたちが、幸せな関係を築けますように。そんな願いを込めて本書を贈ります。

第1章 ネコのカラダ

第2章 ネコと暮らしのキホン

第3章 ネコとの暮らしを充実させる

第4章 暮らしの疑問とネコのケア

❷ネコの病気ケア編

第5章 ネコにまつわる雑学

登場人物

トラ吉

ネネさんと暮らすアメリカンショートヘアの雄《おす》ネコ。1歳を前にしてまだまだ元気！ トラの名に負けないやんちゃネコ。

ねねさん

ネコを暮らし始めてまだ1年の新米飼い主さん。週末にトラ吉と家で遊ぶのが最近の楽しみだとか。

犬山専務

ねねさんやアイちゃんが勤める会社の専務。一見イヌ派に見えて、実はネコ好き30年のベテラン飼い主さん。

アイちゃん

ねねさんの会社の同期で、最近ペット可の物件へ引っ越した。ネコ好きな気持ちはあるが、知識不足な一面も。

第1章
ネコのカラダ

ニャーマンション
ただいまー
ガチャ
ねねさん
30代・会社員
ニャア
トラ吉——!
お迎え ありがとう!
愛猫・トラ吉《きち》
もうすぐ 1歳
おりこう
おりこう
かわいい
かわいい
ゴロゴロゴロ
…でもどうして
帰ってくるタイミングが
わかるんだろう?

ネコは飼い主が帰宅する
小さな音を聞き取って
ドアが開く前に玄関で
待っていることがあります
へー、ネコってそんなに耳がいいの
トラ吉は私の足音がわかるのねー♡
ね
……
ポリ
ポリ
え　無視なの
ポリ
ポリ
ポリ
ねえ　ねえ
耳いいのに無視なの
ごはん
おいしいのね…
……
ポリ
ポリ
それにしても…ネコの能力ってすごいな〜
音もなく歩ける
鼻もいい！
舌にヒミツが！
and more!

動体視力も
かなりよさそう…！
シュバババババ
いつも
思うけど…
瞳孔まんまる
ふんーっ
ネコの目ってほんとに
くるくる表情が変わって
おもしろいなぁ

ピタッ
?
おもちゃ…
動かなくなった…
?
止まっているものには
興味ないのね…
ネコって不思議だなー…
もっとネコのことを知ったら
さらに楽しく暮らせるかも
動いた
!!

ネコの目

暗闇で動く獲物を捕らえることに特化した目

瞳孔を調整することで暗闇での活動を可能に

夜行性のネコの目は、暗い場所での暮らしに適した機能性を備えています。特徴的なのは、人間の約3倍まで大きくなる瞳孔。明るい場所では目に入る光を少なくするために瞳孔が小さくなり、暗い場所では光の感度を高くするために瞳孔が大きくなります。

光の感度は人間の6倍以上もあり、優れた動体視力と広い視野も兼ね備えているので、屋根裏でネズミを捕まえるなんてこともお手の物なのです。

すべてがスローに見えている？

優れた動体視力を持ちながらも、静体視力はいまいちなネコ。そのため、止まっているものには反応しないこともあります。動体視力の高さから、テレビはコマ送りのように見えているのでは、という説もあるほど。

視力は低めで色にも弱い

ネコの視力は0.2～0.3程度で、遠くのものを見るのは苦手。広い視野と光の感度の高さ、そして優れた聴覚で、視力の悪さを補っています。色覚については、青色や黄色は認識するものの、赤色は認識できずに黒っぽく見えているだけのようです。

ネコの目が暗闇で輝くワケ

ネコの目には、人間にはない「タペタム」という反射層があります。タペタムを使って効率よく光を集めているので、暗い場所でもぶつかることなく移動できるんですね。夜にネコの目が光って見えるのは、タペタムに反射した光のせいです。

MEMO

ネコの瞳孔の大きさは、興奮したときや恐怖を感じたときなど、感情によっても変化します。

ネコの耳

人の8倍にも及ぶ聴覚で情報を得るネコの耳

目よりも耳！情報はキホン耳から入手

ネコの耳はとっても高性能。暗い場所でも獲物の動きを察知できるように、実に人の8倍、イヌの2倍もの聴覚を誇ります。ネコは耳・鼻・目の順番で外界からの情報を得ており、視覚から得る情報が80%とされる人間とは大違いです。

耳の先端には「房毛《ふさげ》」という、ふわふわとした毛が固まって生えています。これは風向きを感じたり、音波をキャッチするためのもの。成長するにつれて、短くなります。

飼い主さんの帰宅を耳で先取り

帰宅すると、ネコが玄関でお出迎えしてくれた！ という経験はありませんか？ 聴覚の優れたネコは、飼い主さんの車の音や、玄関に向かう足音を聞きつけて、先回りしているんですよ。

アリの足音も聞こえます

ネコの可聴範囲は、数値にして 60 〜 6 万 5000Hz。ネコは何もないところをじっと見つめることがあるので「ネコには幽霊が見える」と言う人もいますが、人間には聞こえない虫や小動物の足音をキャッチしているのかもしれませんね。

すべてのネコは女好き？

ネコは高音域の聞き取りが得意です。そのこともあってか、ネコは女性の高い声を好み、女性に懐きやすいとも言われています。

※男性の声は約500Hz、女性の声は約1000Hz、ピアノの最高音が約4000 Hz、モスキート音が約 1 万 5000Hz、2 万 Hz より高い音は超音波と呼ばれています

MEMO

ネコの耳は、音源のある方向や距離をつかむために左右それぞれ180°回転することができます。

ネコの鼻

ネコの嗅覚の秘密はその記憶量に

身の安全も鼻で守る！

聴覚に次いで発達しているネコの嗅覚。特に優れているのは嗅ぎ取る能力ではなく、嗅ぎ分ける能力。縄張りに外敵が侵入していないか、食べて安全なものかどうかを、においを嗅ぎ分けることで判断します。

イヌはにおいを嗅ぐときに、クンクンと鼻腔を広げて空気を多く吸い込みます。しかし、ネコは鼻腔が小さい分、空気を多く吸い込むことができません。だから、ネコは自分の鼻を対象物にくっつけるように近づけて、においを嗅いでいるんです。

人以上イヌ未満のネコの嗅覚

生き物の嗅覚の差を決定づけるのは、鼻の粘膜にある「嗅覚受容体」という細胞。この細胞は人間に千万個、ネコに6千万個、警察犬として活躍するジャーマンシェパードには2億個もあるとされています。

眠たくなると鼻が乾く

健康なネコの鼻は適度に湿っています。なぜなら、におい分子は湿ったものに吸着しやすいから。しかし、リラックスしているときや眠くなっているとき、睡眠中は表面が乾いていることが多いんです。鼻が乾いていたら、眠気のサインかもしれません。

羨ましい？鼻毛のない生活

人の鼻にあって、ネコの鼻にないもの。それは鼻毛です。鼻毛は埃が鼻の奥に入らないようにするフィルターのようなもの。ネコにない理由は不明ですが、鼻毛が出ていて百年の恋も冷める……なんてことはなさそうですね。

MEMO

ネコの鼻が湿っているのは、風向きや温度差を感知しやすくするため。かわいいくせに機能性の塊なのです。

ネコのヒゲ

全身に伸びたヒゲセンサーであらゆるものを感知

かわいいだけじゃない ネコのヒゲ

「感《かん》覚《かく》毛《もう》」という別称を持つネコのヒゲは、よく「高感度センサー」と表現されます。それは、ヒゲの毛根の周りには知覚神経がたくさん通っており、ヒゲの先端に何かが触れると、その情報が瞬時に脳へと伝わるからです。

生まれたての子猫は目が見えず、ヒゲで母猫のおっぱいを探すほど。暗い場所でも役立つ優秀な器官のひとつです。その分、ほかの毛より3倍ほど深く皮膚に埋まっており、引っ張られると強い痛みを感じるのでご注意を。

かすかな空気の振動も感知！

ヒゲの先端が何かに触れると情報が瞬時に脳に伝わり、空気のかすかな動きも感知することができます。「ネコのヒゲを抜くと、ネズミを捕らなくなる」という昔の迷信があるほど、ネコにとって重要な器官のひとつです。

ヒゲなのに、脚と目の上にも

ヒゲというと、口周りに生える毛を思い浮かべる人が多いはず。ネコの場合は、口周りのほかにも、頬・目の上・前脚首の裏に生えている硬くて長い毛の総称です。カラダを覆う被毛の太さが直径 0.04 ～ 0.08mm なのに対して、ヒゲの直径は約 0.3mm なんです。

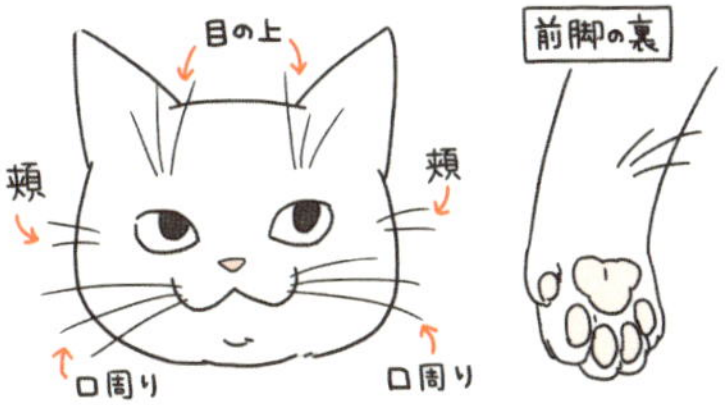

ヒゲの長さで測っています

扉の隙間や狭い路地に、するすると入っていくネコの姿を見たことはありませんか？　実は、ヒゲの先端をつなぐように描いた円の大きさが、ネコが通れる大きさそのもの。通りたい場所にヒゲを当てることで、自分が通れるかどうかを確認しているんです。

MEMO

ネコのヒゲは、定期的に抜け落ちて生え変わります。抜け落ちたヒゲを大事に保管しているコレクターもいるとか。

ネコの舌

身だしなみから感情表現まで、多彩にこなすネコの舌

舌でペロペロは愛情の証

ネコと一緒に暮らしていると、よく手を舐めてきませんか？　それは、あなたに対する「愛情の証」です。仲のいいネコ同士では、自分の舌が届かない顔周りを互いに舐め合い、グルーミングをしています。飼い主さんに対しても、同じような感覚で手を舐めていると考えられています。寝ているときに顔を舐められる、という方も少なくないはず。ただし、「お返しに」と飼い主さんがネコの顔を舐めると、舌が毛だらけになるのでご注意を。

ザラザラする舌の正体

ネコに舐められると「ザリザリ」という音とともに、ザラッとした感覚が肌に走ります。このザラザラの正体は、ネコの舌にある「糸《し》状《じょう》乳《にゅう》頭《とう》」と呼ばれる突起です。カラダの中に向かってビッシリと生えており、水などの口に入れたものを外に逃しにくい構造になっています。

舌はネコの万能ツール

糸状乳頭は水をキャッチしやすい構造になっているだけではなく、食事の際には肉を削ぐヤスリのような役割を果たします。また、毛づくろいのときにはブラシやクシ代わりにもなり、ネコにとっては欠かせない万能ツールです。もし、舌に口内炎などができていた場合は、すぐに病院に連れて行ってあげてください。

実は塩味と甘味がわかりません

ネコは、毒物を避けるために苦味に敏感とされています。また、腐ったものを食べないように酸味も強く感じ取ります。ネコは柑橘系のにおいが苦手なのですが、同じ理由からでしょう。ほかには、うま味を感じることができますが、塩味は感じにくく、甘味は感じないと言われています。

MEMO

ザラザラの舌を使って水を飲むネコは、舌先をアルファベットの「J」のように折り曲げて、水を汲みます。

ネコの歯

愛くるしい顔の裏に、鋭い牙を隠しています

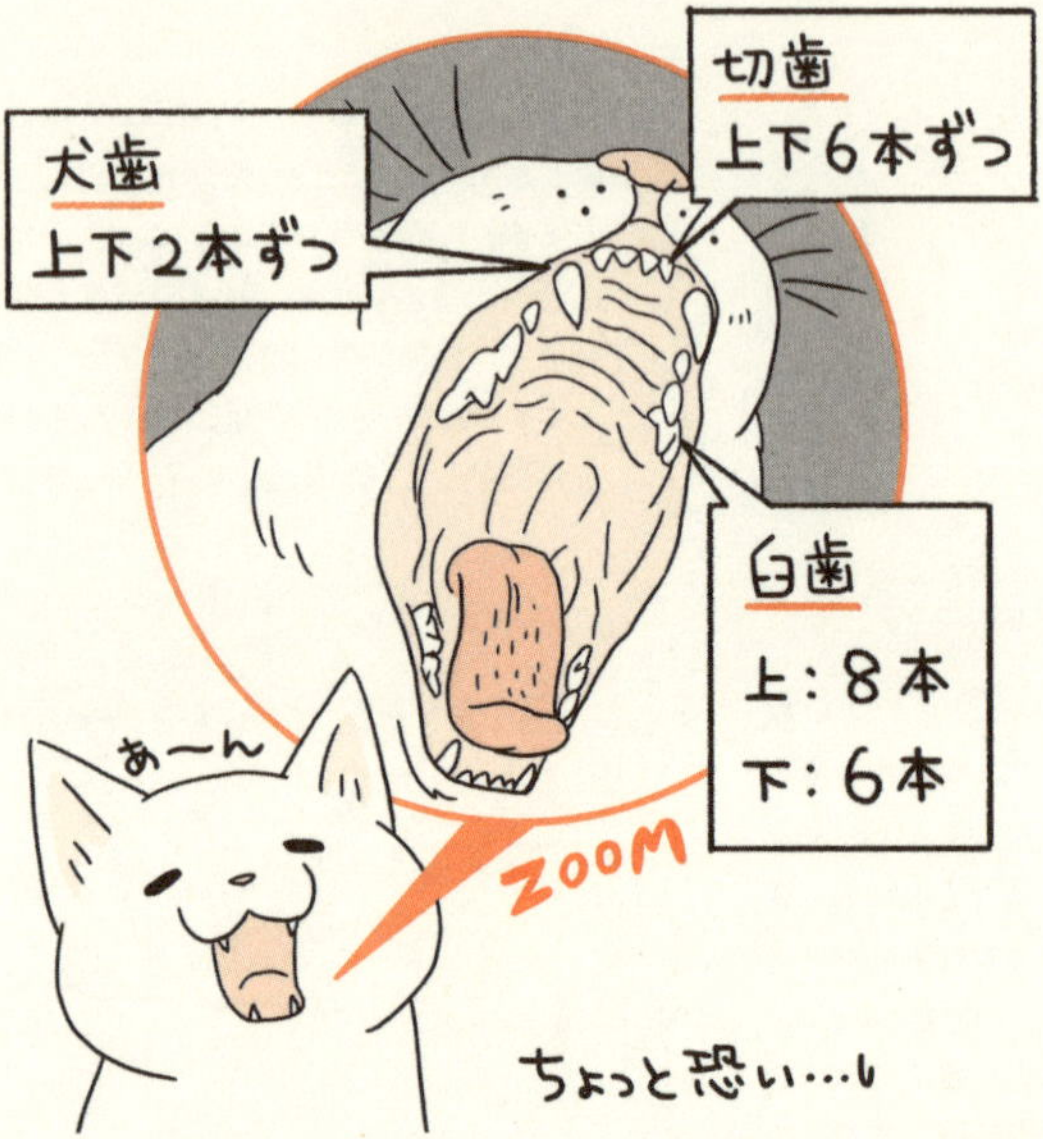

切歯
上下6本ずつ
犬歯
上下2本ずつ
臼歯
上：8本
下：6本
あ〜ん
ZOOM
ちょっと恐い…

肉食動物であることを思い出させる歯

ネコは肉食動物です。当たり前のことを言っているようですが、現代のネコが食べているのはカリカリばかり。かわいい容姿も手伝い、肉食動物であることを忘れてしまう方もいるのではないでしょうか。

ネコが肉食動物であることを如実に表しているのが歯です。ネコの歯は大きく分けて、骨から肉を剥がす「切歯《せっし》」、獲物に噛みつく「犬《けん》歯《し》」、大きな肉を細かくする「臼歯《きゅうし》」に分かれていますが、そのいずれも鋭くとがっています。

見つけたらラッキーな乳歯

意外と知られていないネコの歯の生え変わり。ネコが抜けた乳歯を飲み込んでしまったり、部屋に落ちていても気づかずに掃除機で吸い取ってしまうことが多いからです。乳歯は全部で 26 本。生後3カ月から8カ月頃までにすべて生え変わります。

鋭い臼歯は肉食の証

人間の臼歯は、文字通り「臼《うす》」のように食べ物を磨り潰せる平らな構造になっていますが、ネコの臼歯はすべてとがっており、大きな肉を小さく噛み切れるようになっています。普段はかわいいネコですが、歯を見ると肉食動物であることを気づかされますね。

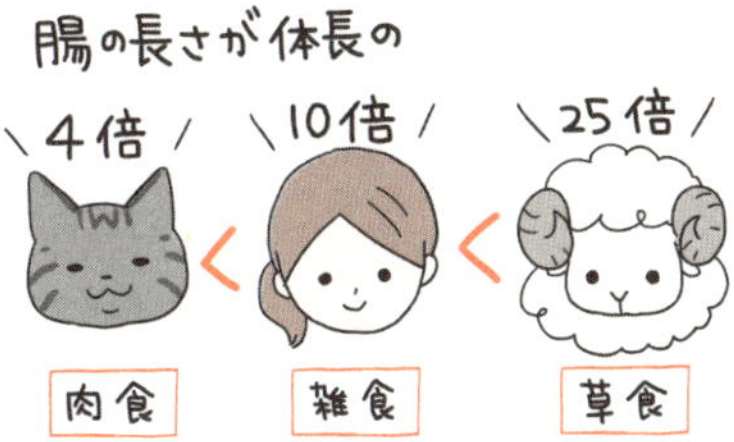

お腹の中も肉食仕様です

目には見えないところでも、ネコが肉食動物であることを実感させられるデータがあります。それは腸の長さ。草食動物であるヒツジは消化に必要な時間が長いため、腸の長さが体長の約 25 倍もありますが、ネコの腸の長さは体長の4倍程度しかありません。

MEMO

ネコの歯が茶色に変色しているときは、歯石がたまっている可能性がありますので病院へ行きましょう。

ネコの肉球

肉球には、愛くるしさを超えた性能がたくさん

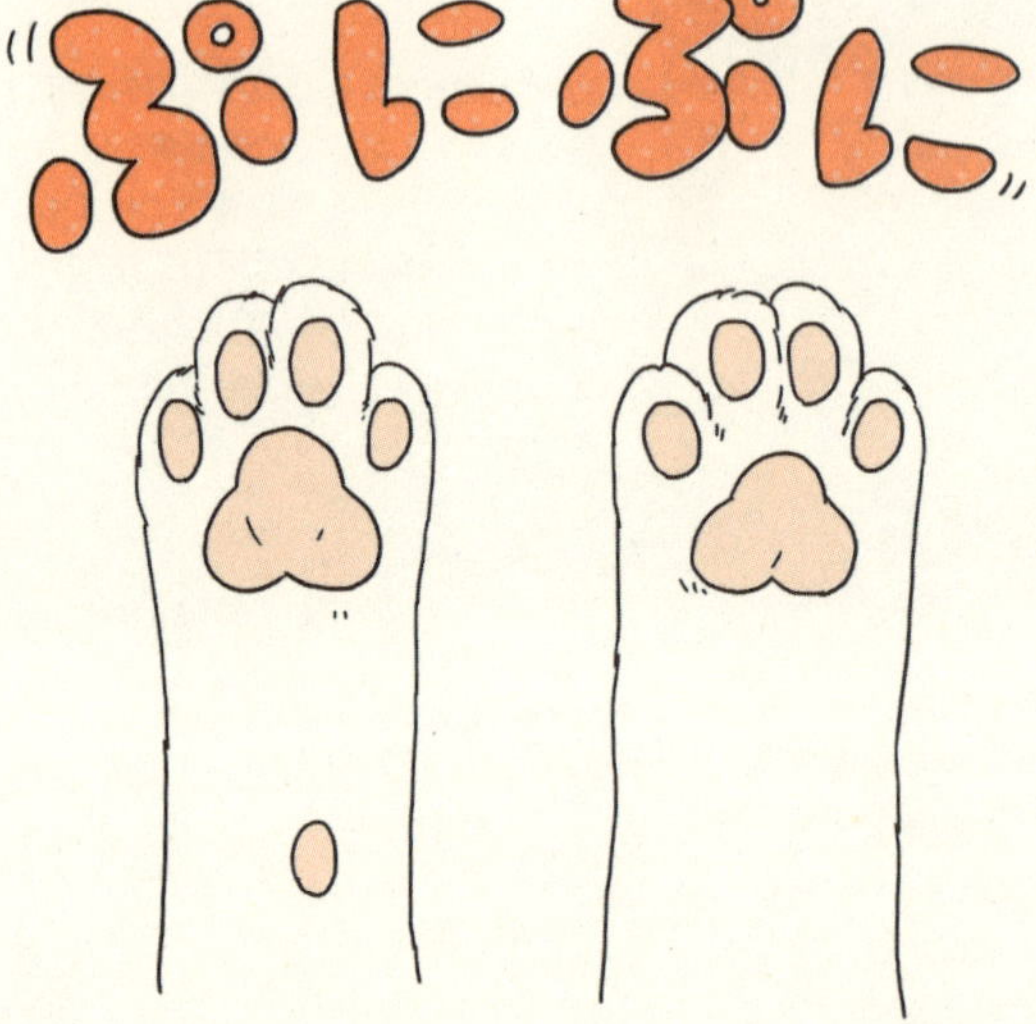

かわいくて実用的 ネコ専用クッション

ヒゲや耳と共に、ネコを表すアイコンのひとつとなっている肉球。触れるとすべすべ、押せばぷにぷに。そんな肉球を愛する人は大勢いて、肉球をデザインしたネコグッズや、肉球の写真集まで販売されているほど。

肉球は、かわいいだけではありません。英語で「pad（パッド）」と呼ぶように、肉球はクッション性に優れています。室内を静かに移動したり、高いところから音もなく安全に着地できるのは、肉球があってこそ。

高いところもお手の物

「さっきまで同じ部屋にいたと思ったら、いつの間にかいなくなっていた」というのは、ネコと暮らしている人なら、よくあること。音も立てずに移動をしたり、高いところから飛び降りても音がしないのは、クッションの役割を果たしている肉球のおかげです。

狩りにも欠かせない、ぷにぷに感

気配を消して背後に近づき、爪で獲物をしとめる……というのがネコの狩り。肉球がぷにぷにしているのは、歩く音を消すためなんです。家のネコもぷにぷにの肉球で人間を夢中にして、毎日ごはんをもらっている点では狩りのプロかもしれません。

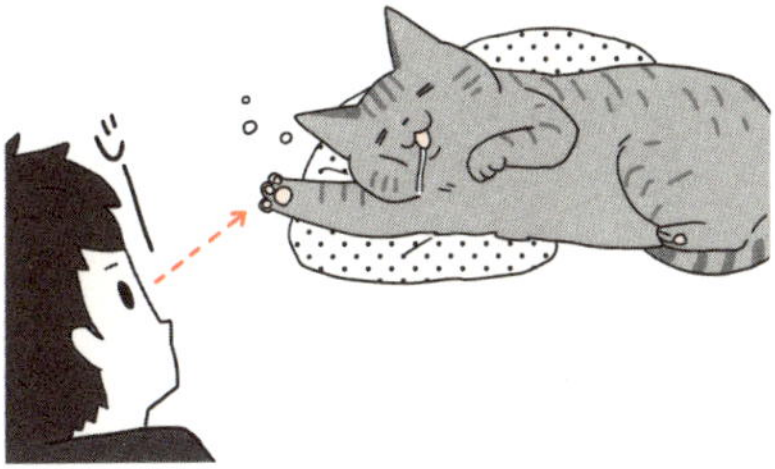

ネコが唯一汗をかく部位

フローリングに、ネコの肉球の形が残っているのを見たことはありませんか？　肉球にはわずかに汗腺があり、ネコは唯一肉球でのみ汗をかくことができるんです。肉球の汗は、滑り止めの役割があるだけでなく、マーキングにも利用されます。

MEMO

長毛種の場合、肉球周辺にも長い毛が生えています。この毛が伸びすぎてしまうと、ネコが滑ってケガなどをしてしまうことがあるので、定期的にカットしてあげましょう。

ネコの爪

愛くるしいネコが見せる野性的な一面

ハンターが隠し持つ必殺の刃

ネコと暮らしている人なら、遊んでいるうちに爪で引っかかれたことが一度はあるのでは。ネコの爪は、ネズミなどの獲物を仕留めるためのとっておきの武器なんです。

家の中で暮らしていると、ハンターとしてのネコの姿を見る機会はなかなかありませんが、おもちゃなどで狩猟本能を刺激してあげると、すごいスピードで手を出してきます。ネコの爪とぎは、大事なハンティング道具の整備なんです。

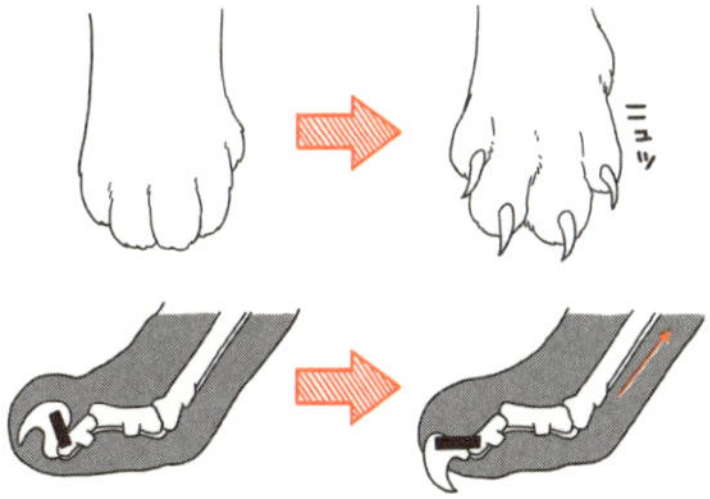

爪を隠す鞘まで常備

ネコの爪は、必要なときだけ出すことができる優れもの。イヌが歩くと爪の当たる音がしますが、ネコが静かに歩けるのは爪をしまえるおかげ。普段は、指と指の間の皮膚が刀の鞘のようになっており、腱を上に引っ張ることで爪を出し入れしています。

とがった爪はハンターの証

ネコが爪とぎをするのは、狩りを万全の状態で行えるようにするための武器のお手入れ。実際に爪をヤスリのようにといでいるのではなく、丸くなってしまった古い爪を剥がすことで、新しく鋭い爪を保っているんです。

ネコにも利き手があります

長年、人間以外に利き手は存在しないと言われてきましたが、近年イギリスで行われた研究で「ネコにも利き手がある」という説が発表されました。それによると、雄ネコは左の前脚、雌ネコは右の前脚が利き手という傾向があるそうです。

MEMO

**ネコは、生後約6カ月までは
左右の前脚を同じように使うそうです。
生後約1年で利き手の傾向が出てくるとのこと。**

ネコのしっぽ

しっぽを使って会話も移動もこなしています

しっぽが果たす3つの大役

耳・肉球と同じようにネコを表す記号となっているしっぽ。ネコのしっぽには「バランスを取る」「感情表現」「マーキング」という3つの役割があります。中でも感情表現に長けていて、「しっぽを見ればネコの気持ちが一目瞭然」と言う人もいるほど。ネコの名前を呼ぶと、動かずにしっぽだけを振っていることはありませんか？　これは、ネコの「聞いてるよ」というサイン。しっぽだけで会話をする様は、なんともネコらしいです。

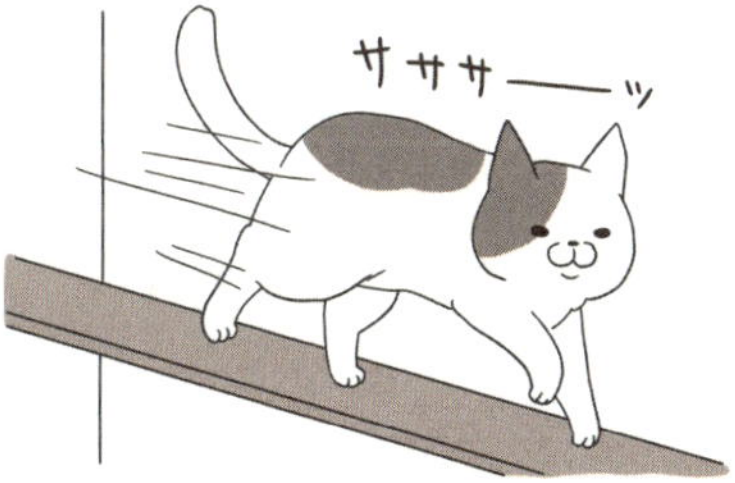

しなやかさの秘密がここに

移動する際のバランサーとして大活躍している、ネコのしっぽ。細いブロック塀の上を難なく移動したり、高いところからジャンプをしてもスタッと着地したりできるのは、しっぽを前後左右に動かしてバランスを取っているからこその芸当です。

ネコのしっぽは感情そのもの

ネコのその時々の感情を如実に表しているしっぽ。しっぽが真上を向いているのは、信頼の証。ネコとは人間のようには話せませんが、しっぽを見れば何を考えているかがわかり、ネコとの暮らしがより楽しくなります。

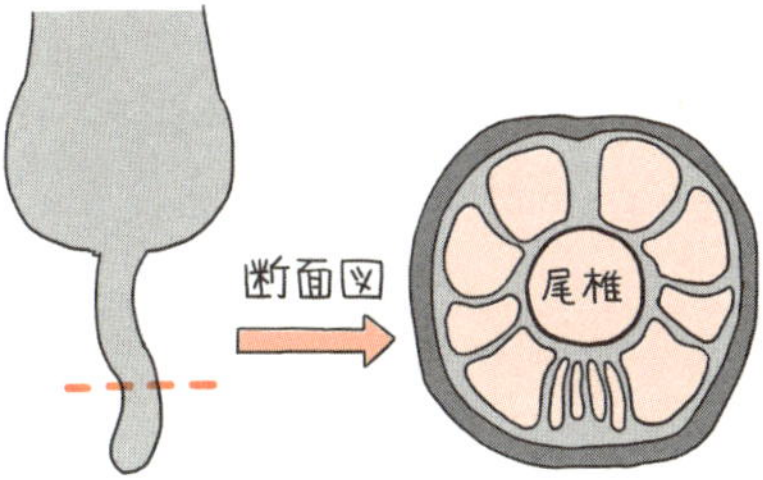

しっぽが自由自在に動くわけ

ネコのしっぽは、尾椎という短い骨がいくつも連なることでできています。また、尾椎の周りには 12 個の筋肉があり、しっぽの先端にまで神経が通っています。前後左右にくねらせたりとネコのしっぽが表情豊かに動くのは、この複雑な構造があってこそ。

MEMO

「がま」という植物をご存知ですか？
がまの穂はネコのしっぽに似ていることから、英語では「cattail（キャットテール）」と呼ばれています。

ネコの骨格と筋肉

ネコ特有の動きは骨格に隠されていました

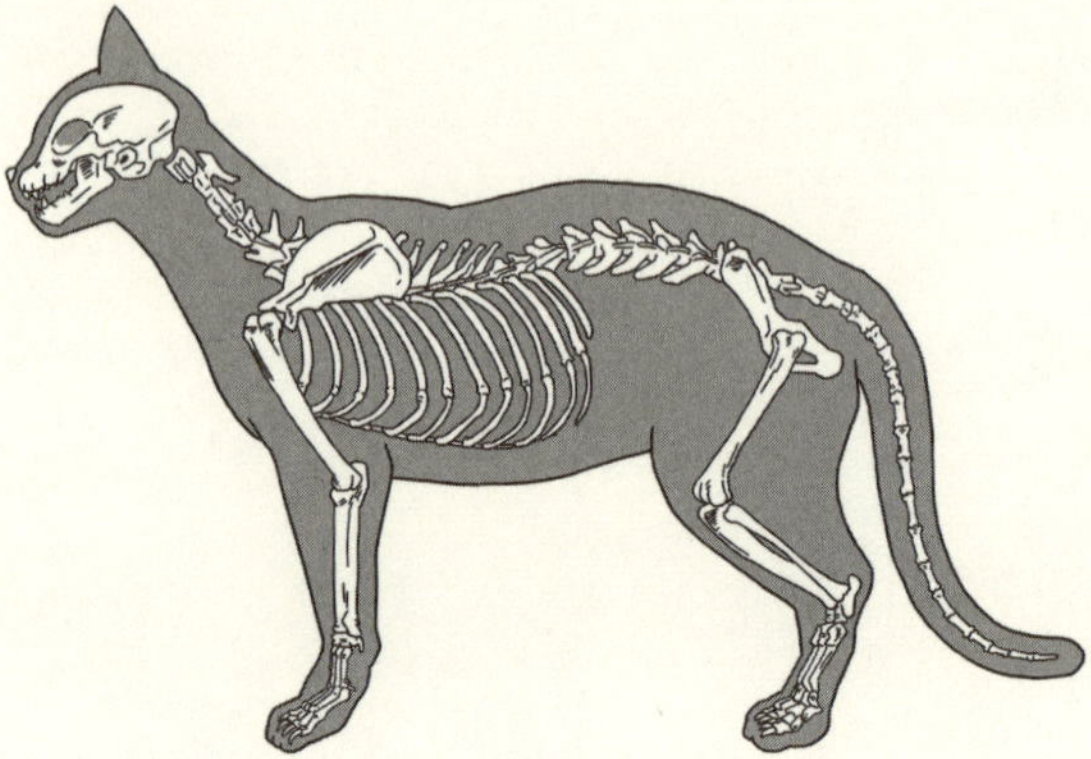

骨格だけ見れば小型のトラ

ネコの骨格は、ネコ科の動物にほぼ共通する構造になっています。トラやヒョウの骨格をそのまま小さくした、と言っても過言ではありません。

ネコの骨の数は、人間より40本多い244本。中でも特徴的なのは、背骨を構成する「椎骨《ついこつ》」同士をつなぐ「椎間板《ついかんばん》」という軟骨が、しなやかにできていることです。そのおかげで、ネコは狭い隙間でもするりと通り抜けられるような柔軟性を手に入れたのです。

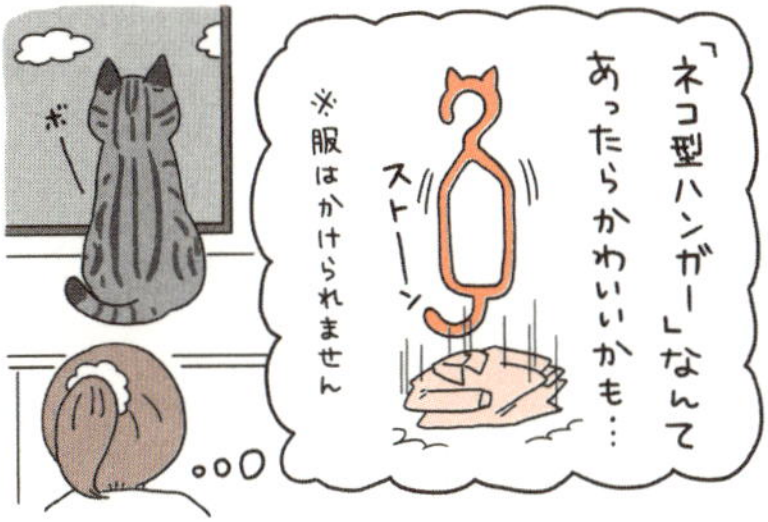

しなやかさの理由は「超なで肩」

ネコはとっても「なで肩」です。前脚上部の上腕骨と肩甲骨はつながっていますが、鎖骨が肩の関節につながっていません。つまり、ネコの肩は固定されていないということ。そのため、頭が入れる程度の隙間があれば、肩に引っかからずに全身を通らせることができます。

バネのような後ろ脚

ネコの後ろ脚の筋肉は、非常に発達しています。ネコが自分の体長の何倍もあるような高さの塀を、軽々とジャンプすることができるのはそのためです。バネのような筋肉は、駆け足で移動するときの俊敏さのもとにもなっています。

獲物を仕留めるための顎の力

後ろ脚と同じように発達しているのが、顎《あご》の筋肉。狩りの際に牙をくい込ませて獲物を仕留めるためにあり、顎はネコにとって非常に重要な部位。ネコに甘噛みをされて痛い思いをした人もいるでしょうが、本気で噛まれたらもっと悲惨なことに……。

MEMO

ネコの走る速度は、最大で時速 50km とも言われています。さらに、ジャンプできる高さは体長の約5倍。

ネコのカラダの成長

生後1年半で、人間でいう成人になります

子猫時代は あっという間に 過ぎていきます
ちょこん
ズッシリ

ネコの年齢を人に換算すると

生まれたての子猫は100グラム前後の体重で、手のひらに乗るほどの大きさしかありません。しかし、生まれてから約1年の間にグングンと成長して、体重は4キログラム前後にまで大きくなります。

ネコの成長を人間の年齢に換算すると、生後3カ月で5歳、9カ月で13歳、1年半で20歳になると言われています。その後は生後5年で36歳、10年で56歳、15年で76歳、20年で96歳……という具合に成長していきます。

第2章
ネコと暮らしのキホン

ねねさんの休日
ピンポーン
おっ、早かったな
ねねさーん ネコちゃん見に来たよ！
会社の同期 アイちゃん
どう？ ネコとの暮らしは
これケーキね
ありがとー♡
楽しいよーー！
あとね あとね
変顔も かわいいし
一緒に布団で寝るし
いつも自由だし
スイッチ入った…

あと写真もいっぱい撮ってるから見る⁉
見るから
…いったん落ち着こう
…で、トラ吉は?
向こうの部屋に隠れてるの
実は私もネコと暮らしたいなって思ってて…
そういえばペット可の物件に引っ越したんだもんねー いい出会いがあるといいね
どんなネコが家族になるのかなー
で、ネコと暮らすの簡単ってホント?
カンタン…?

簡単なことないよ
生き物なんだから
いろいろあるよ
もぐもぐ
そうなんだ！
何に気をつけるべき？
ライフスタイルが変わっても
一緒に暮らし続けられるか、
医療費は確保できるか、とか…
それが一番のポイントだね
ネコの住環境を整えたり…
トイレや爪とぎのしつけは
覚えるまで時間が
かかることもあるよ
バリバリバリ
マーキングする子も…
おりゃー
食べちゃいけないものも多いし
なるほど

散歩の必要がないっていう点では手がかからないかも
いってらっしゃーい
留守番もちゃんと準備すればお利口に待ってるし……
ネコのためにいろいろ調べて準備を整えてみるよ
幸せな瞬間は多いよお出迎えされた日には疲れもふき飛んじゃう
おかえり
あと
ネコを迎えるにはどんな方法があるの？
主に3つあるから自分に合う方法を考えてみるといいよ

ネコと出会う前に

家族の一員として共に楽しく暮らすために

安易な気持ちはNG 命を引き受ける覚悟を持って

室内で生活するネコの平均寿命は15歳と言われています。ネコと一緒に暮らすにはかわいがるだけではいけません。飼い主さんには一生の面倒を見る自覚と責任が求められます。食事やトイレの世話に始まり、健康診断や予防接種を含む医療費など、ネコにもお金がかかり、手間がかかるのです。

性別や品種によって性格やケアの手法が変わりますから、十分家族と話し合って、相性のいい子を見極めましょう。

いくらかかる？

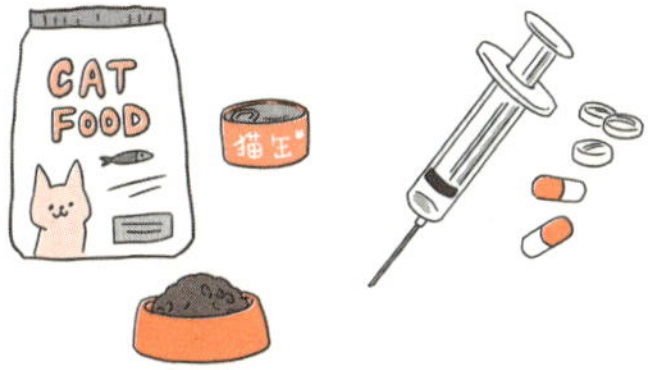

かかる食費や医療費などは、生活環境やネコの体質によって様々です。生涯に平均130万円程度かかるという説もありますが、あくまで目安。それくらいを最低ラインと考え、不測の出費に備えてネコ資金を用意しておきたいもの。

ネコも長寿社会？

医療の進歩や食事の改善で、寿命が延びているのはネコも人間も同じ。特に飼い猫は、野良猫の寿命に比べてもずっと長生きです。その分、老化や看取りなどの問題や、持病の長期化などの問題が発生することも。

住まいの注意点

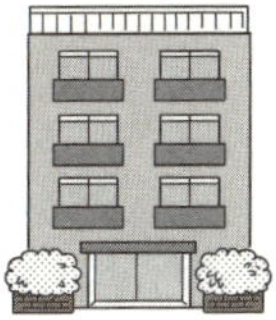

集合住宅

- こっそりは絶対ダメ
- ネコが嫌いな人もいる
- 床には防音対策を

一軒家

- 汚れ&傷つきを覚悟
- 近所への配慮を
- 脱走に注意

周囲にはネコ嫌いやアレルギーの人がいるかもしれません。庭やベランダで毛を払うときにも注意が必要です。集合住宅の場合、賃貸でも購入でも規定やルールを必ず守ること。飛び降り音などへの対策にも配慮しましょう。

MEMO

**ネコを前にすると思わず夢中になりがち。
家族として迎える前に慎重に考えて。**

運命のネコに出会いに行く

ひとめ惚れもありだけど、好みや相性だって大切

運命はつかみ取るもの 計画を立て適材適所で

ネコとの出会いは、「ペットショップで」、「ブリーダーから」、「里親募集団体から」と、主に3つのパターンがあります。品種が決まっている場合は、ペットショップやブリーダーからの購入が適しています。いずれの場合でも、ネコの健康状態、遺伝性疾患の有無などは必ず確認しましょう。

一緒に暮らすネコが決まったら、人間に感染する病気を持っている可能性もあるため、すみやかに動物病院で健康診断を。

ペットショップ

候補のショップには何度も足を運び、店舗にいるペットの扱いや状態、お客様への対応を観察したいもの。商品としてではなく、命を扱っている自覚を持っていると確信できるお店を選びましょう。アフターサービスについてもしっかり確認を。

ブリーダー

引き取り手の直接訪問を歓迎し、飼育・繁殖環境を喜んで見せてくれるブリーダーなら信頼できるでしょう。親猫の血統が特に優れている場合、無理な繁殖を強いるケースも少なくないので、母猫の状態はぜひ確認したいところ。

里親サイト

里親募集団体はネット上だけでなく、地域の掲示板などで見つけることもできます。動物病院で里親募集をしていることもあります。引き取り手に対して、事前審査や手数料を義務づける団体もありますが、ネコのためを考えての決まりである場合も。

MEMO

これらの方法のほか、
野良猫を保護するという方法もあります。
その場合もまずは動物病院での健康診断を行い、
ネコの病気・健康状態の確認を行いましょう。

ネコ選びのポイント

ネコとどんなふうに暮らしたい？　参考までに、品種別の主な特徴を解説します

アビシニアン

しなやかなカラダに、やんちゃで友好的な性格を持ちます。頭がよく飼い主に従順で、イヌのような行動を見せることも。そんな飼いやすさも人気です。

アメリカンショートヘア

ネコの中でも運動神経がよく、活発で好奇心の強い性格。人好きでほかの動物とも比較的慣れやすいため、多頭飼いや多種飼いにも向くと言われます。

ミックス

雑種とも呼ばれ、様々な体毛が見られる混血種。一般的に純血種よりも丈夫で、性格も明るく落ち着いているため、飼いやすいネコです。

メインクーン

遊び好きでじゃれるのが大好き。運動量も多い活発な長毛種。性格は明るく大らかで、多頭飼いや多種飼いにも向きやすいと言われます。

マンチカン

最大の特徴は短い脚。まるでネコ界のダックスフントです。とはいえ運動神経はネコそのもの。陽気で好奇心が強く、飼い主さんにフレンドリー。

ノルウェイジャン フォレストキャット

野性味が強く運動能力が高いネコ。長毛で体格もいいため堂々として見えます。賢く縄張り意識が強い反面、寂しがり屋の一面も。

ラグドール

落ち着いた性格と、抱かれるのを嫌がらない穏やかさ、ふわふわの愛らしさから「ぬいぐるみ」を意味するラグドールに。大きなカラダも特徴的です。

ペルシャ

ふわふわの長毛と、ちょっとだけ短めの脚が愛らしい。とても人懐こく、友好的な性格で知られ、日本でも古くから愛されてきた品種です。

スコティッシュフォールド

垂れ耳が特徴。スコットランドで突然変異として生まれ、完全な垂れ耳は今でも希少です。温和で人懐っこい性格のため、飼いやすい品種としても人気。

ロシアンブルー

ビロードのように滑らかなグレーの短毛を持ちます。飼い主さんには懐きやすいものの、臆病な性格とも言われます。鳴き声をあまり出しません。

ポイント

ネコの種類は世界に30～80とも言われ、非常に多種多様。種類ごとに体格や性格的な特徴はあるものの、最終的にはそのネコ個体の性格や飼育環境、飼い主さんとの関係性が、ネコの性格を形成していきます。

シンガプーラ

最小のネコであり、警戒心と同時に好奇心が強い種類。運動神経もよく、すばやくて身のこなしが優雅。鳴き声が小さく静かなネコとも言われます。

ネコと暮らす前に揃えておくもの

ネコが家に来る前に準備。細かいものは少しずつでも

食器＆フード

食器や水の容器は、ヒゲが触れないよう口が広めで、視界が隠れない浅めのものを好むネコが多め。高さがあるほうが食べやすい場合もあります。フードはドライとウェットがあり、バリエーションを持たせてフードをあげると、ネコが飽きにくくなります。獣医師推奨のマークがついたフードもあります。

手入れ用品もろもろ

長毛種なら毎日のブラッシングが欠かせません。季節にもよりますが、短毛種でも１週間に１回程度はブラッシングしたいもの。毛の長さや好みに合わせて選びます。歯ブラシや爪切りも、ネコ専用のものを用意するのがオススメです。

ベッド

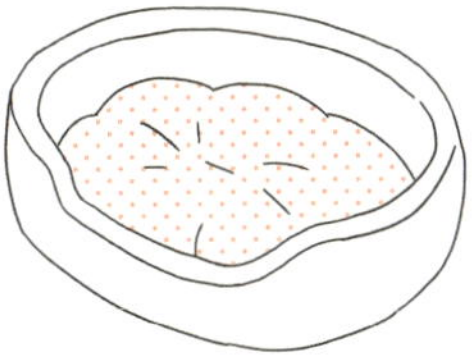

ネコは適度なこもり感があって、ふわふわした空間が大好き。ベッドは少し大きめのものを用意して、ネコの好みのタイプがわかったら好きな布などを入れて調節してあげるといいでしょう。

トイレ

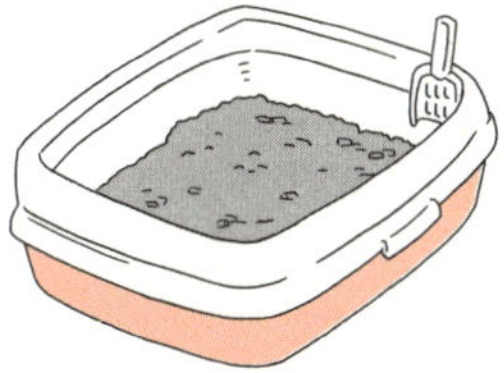

トイレにも深さや大きさ、蓋の有無など様々なタイプがあります。トイレで用を足してくれない場合は、ダンボールで覆ってみる、置き場所を変えてみるなど工夫してみてください。

爪とぎ

立ってとぐタイプ、乗ってとぐタイプなどいろいろあります。用意した爪とぎを使わない場合は、ネコの好みに合っていないのかもしれません。

おもちゃ

市販のものでなくても大丈夫ですが、数ある中から選ぶのも楽しいもの。大きなものや高価なものは、ネコの性格がわかってから購入するのがオススメです。

キャリーバッグ

病院をはじめ外出時にはキャリーバッグに。肩かけ、リュック形式、前抱えなどタイプは様々ですが、脱走防止などの安全仕様はしっかりチェックして。

タワー

部屋の環境によっては無理に置く必要はありませんが、ストレスや運動不足の予防のために有効。工夫のあるタワーも多いので、じっくり選んでみては。

MEMO

首輪は事故防止のため、引っ張ると伸びたり、外れたりするものを。鈴はうるさく感じてストレスになるのでNGです。

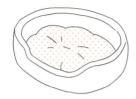

ネコと暮らす心構え

ネコの幸せは飼い主次第。愛するネコのためにすべきこと

ネコと暮らす心構え7箇条

1. 人がネコに合わせる
2. 愛される飼い主になろう
3. 無理にしつけない
4. ネコにリアクションを期待しない
5. 健康と安全に気を遣う
6. 子どものようにネコを
幸せにしようという気持ちを
7. されて困ることはされない工夫を

ネコを一生
幸せにします
その
心意気やよし

❶ 人がネコに合わせる

ネコは人間と共に暮らしながらも野性の本能を色濃く残した、しばられない動物。人間の思う通りにはなりません。

❷ 愛される飼い主になろう

こちらから見返りや愛を要求してはダメ。ネコのほうから「もっと愛して!」と要求してくればしめたもの。

❸ 無理にしつけない

叱ったりしつけようとしたりしても通用しないのがネコ。無理強いをすれば、ただただ嫌われるのがオチです。

❹ ネコにリアクションを期待しない

喜ぶ姿を見せてほしいという気持ちはグッと抑えて。愛は惜しみなく与えるもの。クールに流されても気にせずに。

❺ 健康と安全に気を遣う

健康&安全の管理は飼い主にとって第一の責任。どんなときも、愛猫の命を守るのは自分という意識を忘れずに。

❻ 子どものようにネコを幸せにしようという気持ちを

守らなければならない存在という意味では、ネコも子どもと同じ。家族の一員として全力で愛し抜くこと。

❼ されて困ることはされない工夫を

ネコのいたずらや困った行動に効くのは予防だけ。起きてしまったことには、「すべて自分が悪い」くらいの気持ちで。

MEMO

ネコの喜びは飼い主の喜び。
心からそう思えるネコとの暮らしを築きたいですね。

ネコとの暮らしはしつけでなく〝予防〟

ネコに言うことを聞かせようとすれば互いのストレスに

叱ったり縛ったりするより好きにできる環境づくりを

ネコは制約されることを嫌います。共に楽しく暮らしていくためには、ネコの習性を理解し、「してほしくないことを予防する」意識で、いい習慣をつけさせましょう。

ネコは決まった場所で用を足す習性があるので、トイレは比較的スムーズに覚えてくれます。また、爪とぎはネコにとって本能的な行動で止めさせることはできません。爪とぎ用のグッズを柱や家具の近くに設置する、伸びた爪を切るなどの対策を。

ザ・ベストテン

飼い猫にされて困ること

1	マーキング
2	爪とぎ
3	トイレの不始末
4	ものを隠す、なくす
5	暴れてものを壊す
6	噛みつく、引っかく
7	書類やトイレットペーパーをぐしゃぐしゃに
8	誤飲・誤食
9	朝早く起こす
10	抜け毛

とぎたい場所にとぐものを

ソファや革靴で爪をとぐ、革製品にマーキングする。それらを防ぐには、とぎたがる場所に爪とぎを置き、ネコがにおいに反応しそうなものはしまっておきましょう。押し入れなど汚されたくない場所に入らせない工夫も。

行動範囲は整理整頓

走り回って壊したり、遊んで落としたうえに、じゃれついて家具の隙間などに入ってしまいそうなものは置いておかないこと。思わぬところまでジャンプするので、届かないようにと高いところに置くのも逆効果です。

出しっぱなしは危険

小さなボタンやネジ、糸くずなどを飲み込んでしまうと大変なことに。また、ネギや乾燥剤、ネコにとって有害な観葉植物などが出ていると、かじって命にかかわることも。飼い主さんの注意で予防できるキホンです。

MEMO

トイレの粗相はトイレに問題があるのかも。
抜け毛はブラッシングで予防。
たっぷり遊んであげると問題行動は減るはずです。

ネコと暮らせない人は ～地域猫編～

ルールを守ってネコを愛でることで、地域とネコに貢献できることも

不幸なネコを減らすために地域で広がる地道な活動

野良猫への過剰なエサやりが皮肉にも野良猫の急増につながり、地域で問題化することがあります。そのため、不妊・去勢手術を施し繁殖を管理し、地域ぐるみでルールを模索しながらネコの面倒を見る「地域猫」の活動が各地で広がっています。その一例として通称「猫島」として話題の福岡県相島では、人間と地域猫が程よい距離感で共存しており、諸事情でネコと暮らせない人や国内外のネコ好きがこぞって訪れる人気スポットに。

知ってほしいTNR活動

Tはトラップ、Nはニューター（避妊去勢手術）、Rはリターン。野良猫を捕まえて、手術を施し、元の場所に戻す地域猫活動です。野良猫の寿命は4年前後なので、繰り返すことで地域の野良猫は減っていきます。エサやりでゴミあさりを防ぎ、フンの掃除や見回りをしている地域も。

野良猫を引き取るという選択肢

ネコと暮らせる状況になったとき、野良猫を引き取るという選択肢も。最初は心を開かなかったり、飼い猫生活に慣れないことも……。長い目で愛情を持って暮らせる自信がある場合に限ります。病気を持っていることも多いので、まず獣医さんに診せること。

注意！

無責任なエサやりはNG

気分や都合次第で無責任にごはんを与える行為は、地域にもネコにも迷惑千万です。ごはんを目当てに野良猫が集まって騒いだりゴミをあさったり、ネコのフンで周囲が汚れたりすることで、ネコ嫌いの人々の標的になってしまうことも。

MEMO

ネコと暮らせない場合も、ネコと人の幸せな共存のために考えたいこと、できることがあります。

ネコと暮らせない人は ～ネコカフェ編～

まったりゆっくりネコを愛でる愛猫家のための癒やし空間

ネコブームを受けて急増 好みのカフェを見つけたい

今や全国的におなじみになったネコカフェ。チェーンの大型店から、小さなお店まで、規模やタイプも様々です。ネコにごはんをあげられたり、抱かせてもらえたりするお店や、原則、人間側からネコに接触するのはNGのお店など、システムや料金も様々。保護猫の譲渡会を兼ねているカフェもあります。

お店のルールを守ることを大原則に、お気に入りのカフェを見つけられたら、そしてカフェ猫と仲よくなれたら嬉しいですね。

カフェ猫に好かれるコツ

- 無理やり触ろうとしない、
  追いかけない
- ネコをじっと見つめない
- 大声を出したり、急な動作をしない
- 近づいてきたら落ち着いて声をかける
- さりげなく目線の高さを
  ネコに合わせる
- 甘えてきたらゆっくりやさしく撫でる

海外にも広がる人気

ネコカフェ発祥の地は台湾だと言われていますが、世界的には日本文化と認識されているよう。今ではロンドン、パリ、ニューヨークなど欧米の中心地にも続々オープン。数カ月先まで予約でいっぱいのお店があるという噂も。ネコ好きの輪は国境を超えるんですね。

MEMO

**ネコと暮らせる日が来るまでは、
ネコカフェで癒やされながらの予行演習もいいかも。**

ネコにやさしく

安心、安全、リラックスできる環境づくりに全力を

与えられた世界で生きるネコ 常に様子を観察して整備を

室内飼いのネコにとって、毎日過ごす家は「世界」そのもの。ネコの習性を理解したうえで、ストレスを感じない環境をつくってあげることが大切です。ネコにとって危険なものはしまう、リラックスできる寝床を用意する、高い場所で過ごせるような配慮など、キホン的なポイントはありますが、好奇心旺盛で活発に動き回る子猫と筋力が衰えた老猫では注意点が変わります。ライフステージに沿った環境づくりを実践しましょう。

ネコと暮らしやすい環境づくりを

❶ ネコベッド

人の動線を外した場所やテーブルの下など、落ち着ける場所に。

❷ キャットタワー

運動不足解消やリラックスにお役立ち。窓際に置くと外が見やすいです。

❸ 爪とぎ

好きなタイプ、好きな場所を見つけて置いてあげましょう。

❹ 段差のある家具

上り下りして遊びたがります。落とされたくないものは置かないように。

❺ ドアにはストッパーを

ぶつかって閉じてしまったり、挟まれたりしないような対策を。

❻ 高窓にも油断禁物

思わぬ高い場所にも飛びつくので、開けっぱなしは心配です。

完全室内飼育がオススメなワケ

ネコの長生きを本当に考えたら、室内飼育が一番です

快適な空間であれば閉じ込めOKな動物

意外かもしれませんが、ネコにとって外の世界は危険がいっぱい。交通事故や伝染病感染のリスクに加えて、近隣に排泄物で迷惑をかけたりする可能性があるため、現在は行政が完全室内飼育を推奨しています。

室内飼育のネコにとって「縄張り外」となる家の外では不安が募ります。田畑の多い地域では農薬や除草剤を口にする心配も。家の外の世界にはネコが苦手な人や、ネコアレルギーの人がいることにも配慮しましょう。

外の世界は危険がいっぱい！

交通事故にあう

俊敏なイメージのネコですが、とても事故にあいやすい動物です。車が向かってきたとき、逃げずに防御態勢をとって丸まってしまうためや、夜だとヘッドライトに目がくらんで動けなくなるからなど、様々な説があります。

虐待される

ネコが嫌いな人の中には、野良猫に迷惑をかけられて怒っている人や、うらんでいる人もいます。時折ニュースで見かけるネコの虐待の話題も、極端な例ばかりとは言えません。野良猫と同様に、人に慣れた飼い猫も非常に危険です。

伝染病に感染

野良猫のほとんどは、なんらかの病気を持っています。ケンカをしたり、接触したりすることで感染するリスクは高いもの。草むらやほかのネコからノミやダニをつけられると、それが病気の原因になることもあります。

MEMO

ケンカでケガをしたり、農薬などを口にしたりする危険も。迷子になって帰れなくなることも珍しくありません。

部屋に置いてはいけないもの

人とネコの暮らしやすさや快適さは、必ずしも一致しません

おしゃれ部屋より安全優先 定期的なチェックも大切

人間が暮らす部屋には、ネコにとって有害なものがあります。たとえば、植物由来のアロマオイルは、ネコにとって猛毒です。また、観葉植物や切り花を飾ることは避けたほうが無難。ネコが口にすると中毒症状を起こす植物は、200~300種が確認されています。

そして人間用の薬やサプリメントの成分には、少量食べただけでネコが死に至るものもあり、保管場所には注意が必要です。事故防止のために家の各所でこまめな点検を。

気をつけたいもの

アロマオイル／線香

植物由来の有機化合物を何倍にも濃縮したアロマオイルは、ネコにとって刺激が強すぎて猛毒になるものも。

花／観葉植物など

ユリ科をはじめ、ネギ類やサトイモ科など、ネコにとって毒になる植物は数百種とも言われています。

タバコ

人間の子どもの誤食も危険ですが、カラダの小さなネコにとっても同様です。

サプリメント

人間用に処方されたものは、毒でなくてもネコには強すぎて危険です。

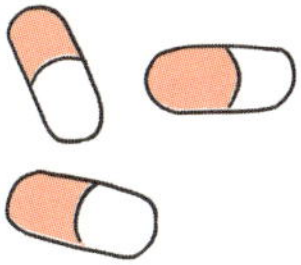

電気コード

噛んだりじゃれたりして感電することも。隠せない場合、感電防止カバーを。

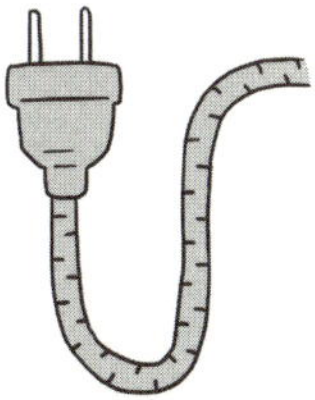

柑橘系のにおい

柑橘類のすべてが毒というわけではありませんが、においを嫌います。

キャットタワーでネコが落ち着く空間を

ゆうゆうと見下ろせる居場所があるとリラックスできます

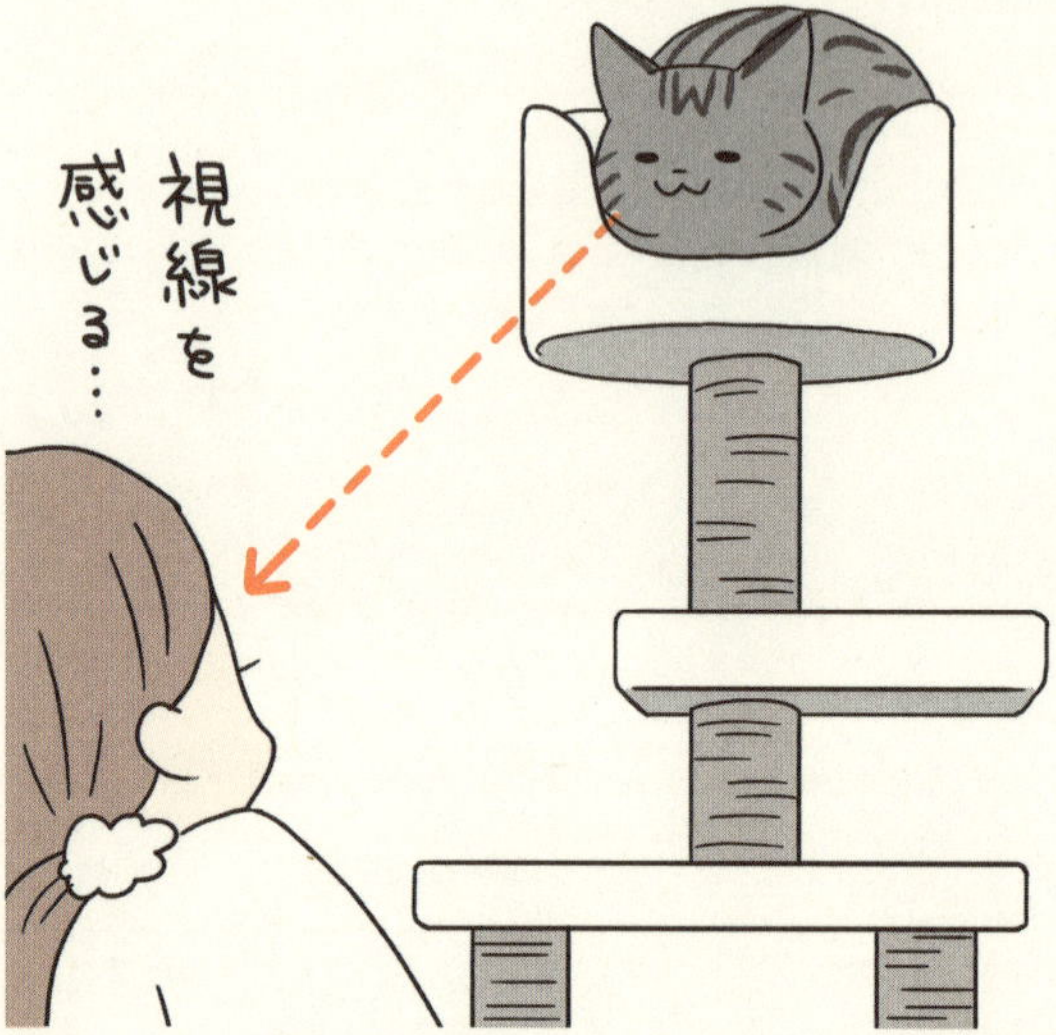

本能が高みを欲しがる上下運動ができる環境を

ネコは高いところが大好き。これは単独で狩りをしていた頃の名残のひとつ。木の上などで外敵から身を守り、獲物を見張っていたためです。また、ネコの世界ではより高い位置に陣取ったほうが優位と言われます。

こうした習性を理解し、本棚や冷蔵庫の上などには余計なものを置かないようにして、ネコが落ち着く高い場所を確保してあげましょう。上下運動ができて運動不足解消にもつながるキャットタワーの設置がオススメです。

キャットタワー設置のポイント

家具でも代替可能

キャットタワーが置けない場合、カラーボックスなどの家具を段々に置くことで代わりにできます。

窓際設置で高みの見物

窓の外を見るのが好きなネコは多いもの。窓際にキャットタワーを置くと、高い場所から外が見られてご機嫌です。

滑り止めには起毛タイプ

思わずはしゃいでしまうネコが多いので、滑りにくく、爪や脚に負担も少ない起毛タイプがオススメです。

ステップの角が丸いと安心

勢いあまってぶつかってしまったときなど、角が丸いほうが安心。人間の子どもへの配慮と同じですね。

MEMO

子猫や老猫には踏み台を用意して段差を小さくするなど、年齢によって遊びやすさに配慮してあげて。

高価なネコベッドよりダンボール

好きな寝場所で好きなだけ寝る、これぞネコの幸せ

今のマイブームはどこ？寝場所は自由に選べるように

ネコは1日平均16～17時間寝ると言われており、寝床はネコにとって1日の大半を過ごす大切な場所。ネコの個性や成長具合、温度や湿度といった外的要因によっても好みの材質や場所は変化します。人の出入りや照明などの刺激が少なく、快適な睡眠ができそうな寝床を、家の中にいくつか用意しておきましょう。市販の高価なネコベッドを用意しても、間に合わせのダンボールや毛布のほうがお気に入りというネコは少なくないですよ。

寝床あるある

座っていた座布団

座れない

洗濯カゴ

入れられない

浴槽の蓋の上

危ない

ひざの上

かわいい

ベッド設置のポイント

人の居場所との関係は？

動き回る動線上は避けますが、人の気配が感じられる場所と、ひとりで静かにいられる場所など、気分に合わせて選べる複数を用意してあげましょう。

温度との関係は？

日なたと日かげ、温かい布団と涼しめの布など、温度も選べるようにしてあげましょう。「サウナと水風呂」のように行ったり来たりするネコもいます。

トイレは複数設置がキホン

キホンはネコの数に＋1。トイレの汚れはストレスのもと

トイレの設置数の公式
x + 1 = 理想の トイレの数
ネコの数
ここ ポイント でーす

「食べて出す」は健康のキホン 常にしっかりチェックを

飼い主さんの留守中や夜間はトイレの掃除が滞ります。常に清潔なトイレを利用できるよう、家の中に、2〜3カ所ほど用意するのが理想的。排泄の様子は健康のバロメーターとなるので、さりげなく飼い主さんの視界に入る位置がいいでしょう。トイレを清潔に保つようこまめな掃除は必須です。大きさは、トイレの中でネコがカラダの向きを変えられるくらいの広さが必要。砂は何種類か試して好みの材質を見つけてあげましょう。

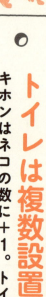

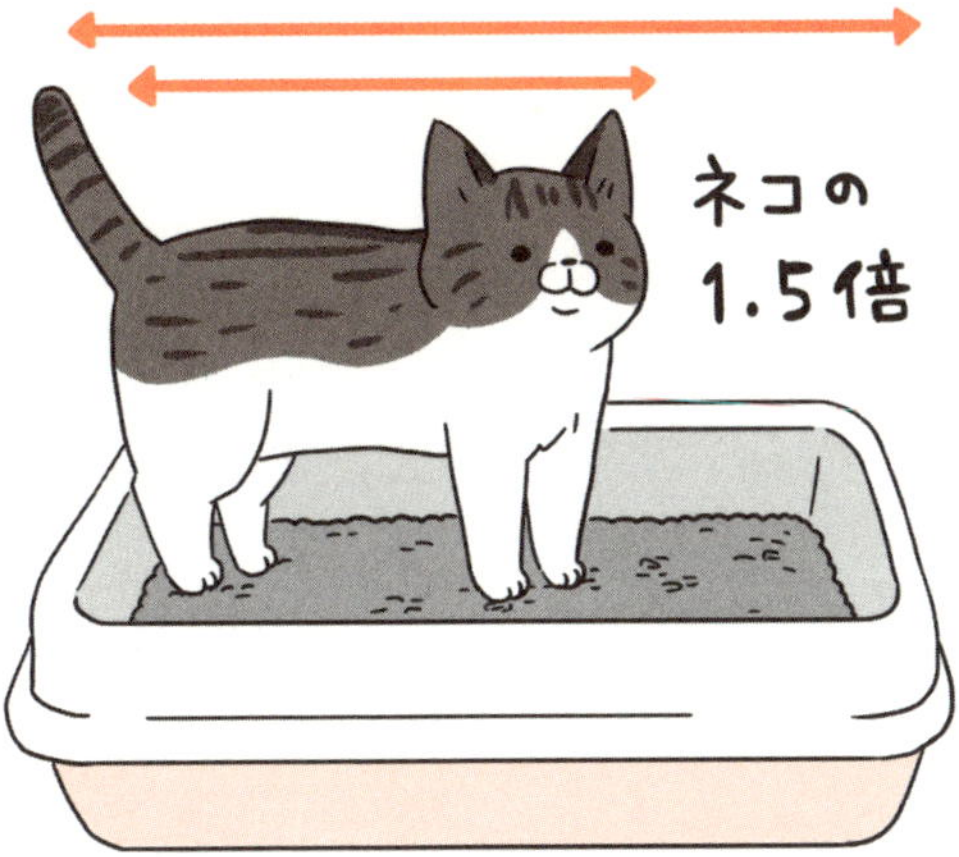
ネコの
1.5倍

設置のポイントは？

ネコは排泄中に神経質になる動物です。トイレは静かで落ち着いた場所に置きましょう。ただし、いつもいる場所からあまり遠いとガマンのもとに。多頭飼いの場合は、どのネコもちゃんと排泄しているか注意。トイレの場所も、そこまでのルートも複数ある環境がベターです。

砂はよりどりみどり

砂やトイレシートにはいろいろな種類があります。ネコによってはにおいや感触などからえり好みする場合がありますが、それは止められないもの。トイレに流せるもの、尿がかかると色が変わる(掃除しやすい代わりに尿の色がわかりづらい)ものなど、特徴も様々です。

紙の
ネコトイレ砂
ネコの
トイレ砂
鉱物
おからの
ネコトイレ砂
うちの子の
好みは
どれだろう？

MEMO

新しいトイレには、愛猫の尿のにおいのついた、いつもの砂やシートを入れておきましょう。

爪とぎ板は、最初にいくつか試して

気分よく爪がとげる場所があれば、ネコも人もハッピー

今度から
これを買ってきて
ほしいニャ
よかったね
気に入らなかったやつ

立つ、乗る、紙、木……飼い猫のお気に入りを

多くの飼い主さんが頭を抱える、爪とぎによる家具や柱の傷。いくら注意しても、ネコにとって爪とぎは本能的な習性。止めさせることは難しいです。

家具や革のソファー、柱などマーキングの対象になりやすい場所の近くには、爪とぎ板の設置を。材質も、木製やダンボール、縄など様々なので、いろいろ試してお気に入りを探してあげてください。好みがつかめたら、それに合わせた設置場所や角度、材質の工夫を。

快適な爪とぎ習慣のために

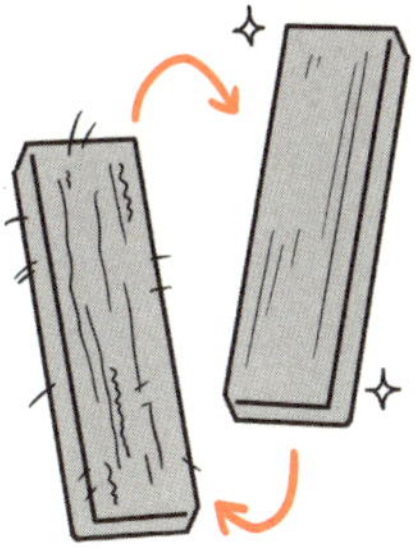

古くなったら交換を

古くなった爪とぎは引っかかりが悪くなるので、爪をとぐ醍醐味も減ってしまいます。高価なものでなくてもいいので、こまめに取り換えてあげましょう。新しい爪とぎを与えられて、大喜びでガリガリする姿はかわいらしいものです。

子猫のときにレッスンを

飼い主さんが爪とぎをやって見せてから、子猫の前脚をやさしく持って、爪とぎでとぐ仕草をマネさせます。場所や好み的な問題がない限りは、さりげなく何度か教えるうちに、自分のにおいのついた爪とぎを使うようになるはずです。

設置ポイント

- ネコが爪をとぎたがるところ
- 布や籐製の家具の近く
- 落ち着いてリラックスできる場所
- 食事場の近く

「引っかかって気持ちいい〜」を理解し、先回りで爪とぎを設置。ごはんを食べて、爪をといで……が習慣になるネコもいるので、食事場の近くもオススメです。人間の都合ではなく、ネコの気持ちに合わせることで、困る爪とぎを予防しましょう。

ネコだって「大人の隠れ家」が欲しい

かくれんぼはお手のもの、本領を十分発揮させてあげて

ネコに閉所恐怖症はなし 包み込まれて安心

高い場所のほかに、ネコはカラダがすっぽり収まる狭い隙間や穴を好みます。これは、野生の時代の名残で、外敵から身を守るための習性。こうした本能的な欲求を存分に満足させてあげられるよう、人の手が届かない高い場所や廊下の隅などに「隠れ家」となるダンボールやトンネル状のグッズなどを置いておくと喜ぶでしょう。一方で、食事も取らず、長時間隠れているような場合、体調不良の可能性もあるため注意が必要です。

隠れてほっとひと安心

暗いところ、狭いところなら、とりあえず入ってみたいのがネコ。飼い主さんが見つけられないほど上手に隠れるネコもいます。

来客のときは

家に来客があるときには、隠れられるスペースを確保しましょう。できれば、来客が入らない奥まった部屋につくってあげてください。

ポイント

- ちょっとしたスペースがあればOK
- カーテンの裏や家具の陰など、特別な場所でなくてもネコが入ってくつろぐならそれでいいのです。
- 隠れながら飼い主さんに見つけてもらいたがっているときも。視線を感じたら、見つけて驚いてあげて。

MEMO

こっそりと気配をひそめているときは、見えてもとりあえずそっとしておいてあげるのが○。

ドアは少しだけ開けておく

立ち入り禁止の部屋以外は自由にパトロールできるように

ブラブラするのがネコの本領 閉め切られるとストレスに

「ミャーミャー」と鳴いたり、爪でドアを引っかいたりして、ネコから「ドアを開けて」とアピールされることがあります。ネコは縄張りである家の中をパトロールのつもりで歩き回ったり、気分に合った寝床や快適な温度の場所を探すためにあちこち移動します。

賃貸などで、ドアの下部に専用の「キャットドア」を設置することが難しい場合は、ネコの移動に備えて、各部屋のドアを少しだけ開けておくのがオススメです。

ネコとドアをいい関係に

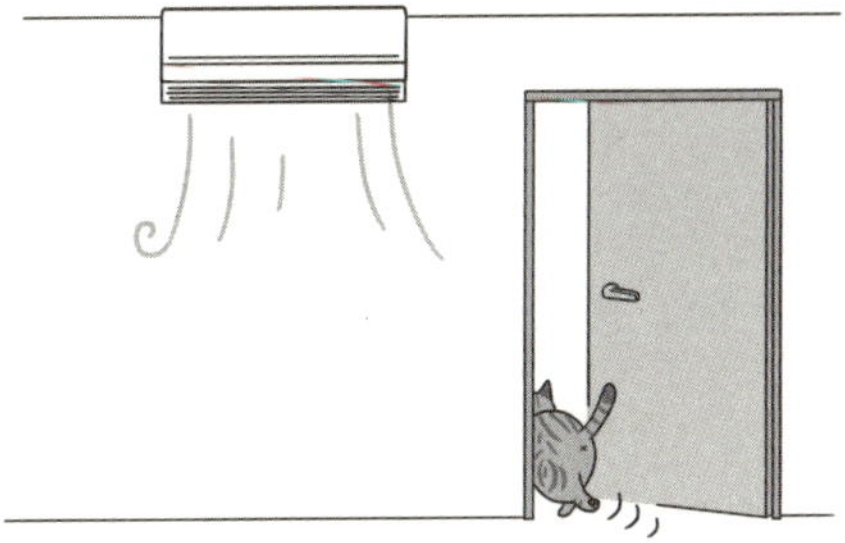

冷暖房とネコの相性

ネコは寒がりで暑さに強いのが一般的なので、飼い主さん用の冷房では寒がることも。ドアが開いていれば、自分で快適な場所を見つけますが、部屋が閉め切られていたり、ワンルームだったりするとかわいそうです。ある程度の温度差がある場所の中から、居場所を選べるようにしましょう。

ネコ扉は憧れ

ネコが自由に出入りできるネコ扉は、ネコにとっても飼い主さんにとっても便利で快適。冷暖房の空気を逃がさなかったり、開けっぱなしにできないドアを開閉してあげたりする手間も省けます。とはいえ、あとからつけるのは難しいので、設置には高いハードルがあるのも事実。新築やリフォームの際には一考をオススメします。

MEMO

ぶつかって閉じてしまったり、
はさまれたりしないよう、ドアストッパーがあると安心。
器用にドアを開けるネコもいるので、
開けられたくない場合はカギをつけるなどして対処を。

外は危ない！ 脱走しない環境づくり

予防と対策、両方揃えて安心できる毎日を

もう二度と脱走してほしくないんだ!!
トゥンク

家が嫌なわけじゃない好奇心のなせるワザ

多くのネコは隙あらば脱走しようとします。窓やベランダには、潜り抜けるための隙間がなくなるよう、防護網や防護柵を設置しましょう。転落事故の防止にもなります。玄関を開け閉めするときに飛び出すこともあるため、柵を置いたり、玄関の手前のドアは必ず閉めておくなど意識して徹底的に対処を。

また、もしも脱走してしまった場合、迷子札やマイクロチップによって発見率が上がりますので、対策として検討してみましょう。

脱走を防ぐためにできること

玄関

飼い主さんの帰宅を早くから察知するのがネコ。玄関を飛び出さないように、玄関ドアの内部に補助扉をつけておくと安心。

ベランダ

ベランダから飛び降りたり、屋根づたいに逃げることなどネコにとっては朝飯前。ネットで完全に覆うか、出さないかどちらかです。

窓

代表的な脱走ポイント。カギが開いていれば自分で開けて出てしまうネコも。完全に閉め切るか、頭より細く開けてストッパーを。

迷子になったら

近隣を探す

落ち着いて名前を呼びながら探します。ネコがパニックになっている場合もあるので、キャリーバッグや洗濯ネットを持参しましょう。

マイクロチップ

飼い主さんの連絡先や、ネコの特徴などが記録されたマイクロチップをネコに埋め込みます。保健所などに保護されると、読み取り機で情報がわかる仕組みです。詳しくは動物病院に問い合わせを。

貼り紙をつくる

ネコの写真と連絡先を書いて、動物病院や地域の掲示板に貼らせてもらいましょう。家の周りに好きなごはんを置くのもいいでしょう。

MEMO

首輪に迷子札をつけておくという手も。ペットショップには、様々なタイプの迷子札があります。

10歳からの老猫環境

ネコも長寿時代。1日でも長く一緒にいたい

飼い主さんの配慮でネコとのいい時間が延長

愛猫の長生きのためには、10歳の頃から老化に対応した環境づくりが大切です。

足腰の負担を軽くするため、高い場所への踏み台を増やしたり、移動ルートのバリアフリー化を目指しましょう。またトイレや寝床、水飲み場を増やしてあげるといいでしょう。食事もシニア用にシフトしていきます。自分の縄張りである家の引っ越しやリフォームは老猫にとって大変なストレスとなるため、極力避けたほうがやさしい配慮となります。

老猫になったらしてあげること

室内温度に気をつけて

年を取ると寒がりになるのはネコも一緒。ネコは1年で人間の4歳分の年を取ります。1年前と適正温度が同じとは限りません。冷房の時期でも、温かな布団などを用意して、暖を取れるようにしましょう。

模様替えはNG

環境の変化はネコにとって大きなストレス。老猫ならなおさらです。どうしても必要なとき以外は、大がかりな模様替えや引っ越しなどは避けましょう。必要な場合でも、ネコの居場所の雰囲気や、ネコの道具はできるだけ変えないように。

段差に注意

簡単に乗り降りしていた段差に飛び乗れなくなったり、飛び降りるとき「ドテッ」と大きな音がしたり。そんな兆候を見逃さず、キャットタワー、トイレ、ソファー、ベッドなど、ネコが日常的に使うものにはスロープや補助台を。

遊び方を変える

キャットタワーの乗り降りが減ったら、お気に入りのおもちゃで飼い主さんが遊んであげるなどして、運動不足にならないようにしましょう。好奇心を持つこと、スキンシップ、適度な運動が心身にいいのは人間と同じです。

災害時に備える

いつどんな形で起きるかわからないから、できる備えをしておきたい

人間の避難袋と一緒にネコ用の一式も用意

台風や地震、水害や火災など、いざというときのためにネコ用の備えが必要です。ネコ用の避難袋を用意し、3～5日分を目安に薬やキャットフード、水、トイレ用品、食器、愛用の毛布などの準備を。

また、はぐれたときのために、ネコの写真を数枚と健康状態や飼い主の連絡先を記したメモなども入れておきましょう。避難生活を想定して、ケージやキャリーバッグに日頃から慣れさせておくことも有効です。

ネコ用避難袋の中身は？

リスト

- □ フード（療法食なら多めに）
- □ 水（5日分以上）
- □ 薬
- □ 食器
- □ タオルや毛布類
- □ トイレ用品（慣れた砂やシート）
- □ ネコの写真
- □ 迷子用チラシ（写真、健康状況、飼い主さんの連絡先入り）
- □ かかりつけ病院の連絡先
- □ ブラシ
- □ おもちゃ
- □ 洗濯ネット

マイクロチップを埋めておくと…

読み取り機を持つ保健所や動物病院などに保護された場合、飼い主さんに連絡がもらえます。普段から、首輪に連絡先入りの迷子札をつけておくのもオススメです。

MEMO

地震情報のアラームを鳴らし、そのたびにおやつをあげて、ネコが逃げないよう訓練する人もいるとか。

食事のキホン　～回数・量・種類～

1日の量を守れば神経質にならなくても大丈夫

ダラダラ食べが一般的 好みのうるさいネコも

成猫の場合、食事は1日2回が一般的。ですが、ネコにはもともと決まった時間に食事をする習慣がなく、「食べたいときが食事時」というのが本音。

実は、1日の摂取量が守られているのであれば、何回に分けてもＯＫ。ダラダラと少量ずつ食べるのも問題ありません。食事の主体には「総合栄養食」と明記されたキャットフードを用意しましょう。「一般食」表示のものは、おやつやトッピング向きです。

ドライ+水がキホン

ドライフードの特徴

総合栄養食と記載されたドライフードなら、食事はそれだけOK。保存性がよく、1日分の量をまとめて出しておいても大丈夫です。新鮮な水が常に飲めるようにしてください。また開封したら1カ月以内に食べ切ることも重要です。

ウェットフードの特徴

腐りやすいため早めに食べ切る量を与えること。ドライフードと比べ価格が高めで、一般食のものが多いので、どちらかといえばおやつ向きです。また、ウェットフードを与えると、歯垢がたまりやすいという説もあります。水分を多く含むので、水をあまり飲まないネコには補助的に与える場合もあります。

MEMO

子猫用、成猫用、老猫用、室内猫用など、ライフステージやライフスタイルに合わせたフードも活用して。

食事のキホン

どうしても欲しがるときは…

ネコの「ちょうだいアピール」が激しすぎて落ち着いて食事ができないほどなら、食事の間だけネコを部屋の外に出しておくという手も。かわいそうに思えても、根負けしてついつい人間の食事を与えてしまうよりはネコのためです。食事が終わったら、十分に遊んであげるなどスキンシップをしてあげてください。

人の食べ物は絶対NG

飼い主さんが食事をしていると、おねだりするネコは多いでしょう。かわいい仕草を見せられると、ついついあげたくなってしまいますが、ネコのためには心を鬼にして。人間の食べ物は味つけが濃すぎますし、ネギやタマネギなど、ネコにとっては毒になるものも。中毒や後々の病気のもとです。

ダイエット成功に向けて

人間同様、太ってしまったカラダをもとに戻すのは難しいこと。まずは太らせないことが第一です。ダイエットには、フードの量を減らすこと、専用のフードを与えること、運動させることが必要です。必死でねだるネコに負けず、ダイエットフードを食べなくてもめげず、たっぷり遊んであげましょう。

肥満は万病のもと

本来ネコは、必死で狩りをして、獲物が得られたときだけ食事をする動物でした。室内飼いのネコは運動不足のうえ、毎日自然にごはんが自分のものになります。そんなネコがねだるままフードを与えていると、あっという間に太ってしまいます。肥満は万病のもとなので、適正量はしっかり管理してください。

食べないときは「ちょい足し」作戦

ひと工夫でネコの「食べたい気持ち」を呼び起こす

いつものフードを突然食べなくなることも

どちらかといえば味に鈍感なネコですが、食べたり食べなかったりのムラや、食欲の波は珍しくありません。そんなときはいつものフードを温めたり、お湯でやわらかくしたり、ウェットフードをトッピングしたりと、ひと手間の工夫で食欲を刺激してあげましょう。また、食事する場所や食器に不満があるケースも。食欲不振が2～3日続く場合は、歯周病や内臓疾患などの可能性もあるので、病院に連れて行きましょう。

ネコ用手づくり食ならOK

ネコと一緒の食事を楽しみたければ、ネコ用に料理することです。味つけはせず、顆粒ダシ（塩分が意外と多い）なども使用しないこと。飼い主さんは、食器に盛りつけてから味つけを。肉や魚をゆでたものや、蒸した魚などはネコに好まれやすい傾向があります。ネコが食べなくても、人間が食べればいいのでムダにはなりません。

本当は肉だけがいい？

ネコは本来肉食の動物です。野菜や穀物を消化・吸収するようにはできていません。魚も与えすぎると酸化した油脂が臓器に付着しやすくなります。ネコのカラダの仕組みを考えると、肉だけでもいいくらいとも言われます。

少量なら与えてもいい食材

（すべて味がついていないもののみ）

- **火を通した肉／魚／卵**
- **海苔**
- **イモ類**
- **豆類**
- **ごはん**
- **かつお節（ごく少量に限る）**

MEMO

工夫と配慮と忍耐力で、
ネコの良質な食生活を守りましょう。

ネコが食べてはいけないもの

要注意！ 飼い主さんの食卓には危険がいっぱい

嬉しいけど、
気持ちだけ
受け取っておくニャ
（チョコは食べられない…）
Chocolate

小さなカラダには少量でも大問題
ほんの少しが重大事故にも

食事中にネコが来ると、つい食事を分けたくなりますよね。しかし、危険な食材を知らぬ間に与えてしまう可能性も。

代表的なのが玉ネギやニンニク、ニラで、貧血や急性腎障害を引き起こします。チョコレートを大量に食べた場合、死に至ることも。好物とされている魚介類にも注意が必要です。たとえば、青魚の食べすぎはNG。またアルコール飲料やカフェインを含む飲料は飲ませてはいけません。

食べられないもの一覧

アボカド

痙攣や呼吸困難を起こすこともある、人間以外にとっては中毒性の高い食材。

ナッツ類

リンゴなどと同様、ネコにとっては青酸中毒を引き起こす可能性も。

生のイカ／タコ／エビ

消化不良を起こしやすい。大量の生イカは、ビタミンB1欠乏の原因にも。

チョコレート

カカオには重い中毒症状を引き起こす成分が含まれて非常に危険。

アルコール類

アルコールを分解できないネコは、少量でも中毒になる可能性が高い。

玉ネギ／長ネギ／ニンニク／ニラ

貧血や腎障害の原因になる危険度の高い食材。加熱しても危険な成分はそのまま。

リンゴ／桃／サクランボなどのタネや葉

少量ながら体内で青酸に変わる物質を含むため、小さなネコには与えないほうが無難。

青魚／マグロ

生で多量に食べるとビタミンE不足に。魚原料のフードにはビタミンEが添加され安全。

調味料／香辛料

塩分の強いもの、刺激の強いものは腎障害など様々な病気のもとに。

コーヒー／紅茶

興奮作用があり、小さなネコには少量でも刺激が強すぎます。

MEMO

ネコのカラダのためにはキャットフードだけで十分。ネコ専用の食事のほうが、安全で健康的な生活が送れます。

誤飲・誤食を防ぐため

食べたくて食べるわけじゃない、そこにソレがあったから……

危険なものの片づけとスキンシップで解決

リボンやビニールなどを口から体内に入れてしまう、誤飲や誤食。ネコは異物を食べたいのではなく、興味本位で遊んでいるうちに誤って飲み込んでしまうことがほとんどです。

大切なのは、ネコが誤飲・誤食しそうなものを部屋に出しっぱなしにしないこと。また、早期離乳が原因で、ウールなどを乳に見立てて吸っているうちに食べてしまう場合も。ネコの遊び相手となって、愛情不足を補うことも誤飲や誤食の予防につながります。

異常があれば病院へ

小さなもので、自然に便として排出されればいいのですが、中には内臓を傷つけたり、詰まって体調不良を引き起こしたりすることも。特に子猫の場合は、危険なケースも珍しくありません。食事を取らずに具合が悪そうにしている場合は、早めに病院に連れて行きましょう。

誤飲・誤食のおそれがあるもの

・針

・ゴム

・鈴

ネコがじゃれつきやすい、ひも状のものやキラキラしたもの、小さくて転がりやすいものなどには要注意。レントゲンを撮ると「なぜ?」と思うようなものが発見される場合も。多くの場合、摘出手術で取り出すことになるので、ネコにも飼い主さんにも大きな負担となります。

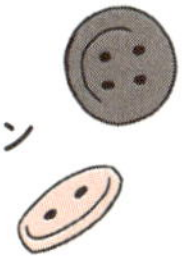
・ボタン

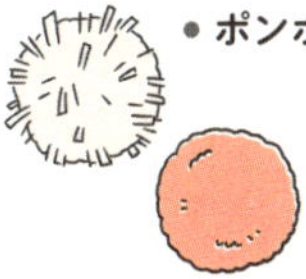
・ポンポン

・毛糸

・リボン

MEMO

部屋の片づけは、ネコの安全・快適の第一歩。小物は出しっぱなしにしないこと。

水は新鮮なものを複数カ所に

飲みやすい新鮮な水が健康維持に欠かせない

あっちにも置いておくねー

思いついてふと飲む遊び飲みもお気に入り

ネコの健康のためには、食事と同様に水分補給も重要。水飲み場を1カ所に決めてはいけません。ネコには決まった場所で水を飲む習慣がないからです。家の複数の場所に器を置くことで、飲む回数が増えるように工夫しましょう。

また、ネコは新鮮な水を好みます。減ったら足すのではなく、器を毎回洗うのがコツです。また、硬水のミネラルウォーターは尿路結石の原因となるため、与えないように。

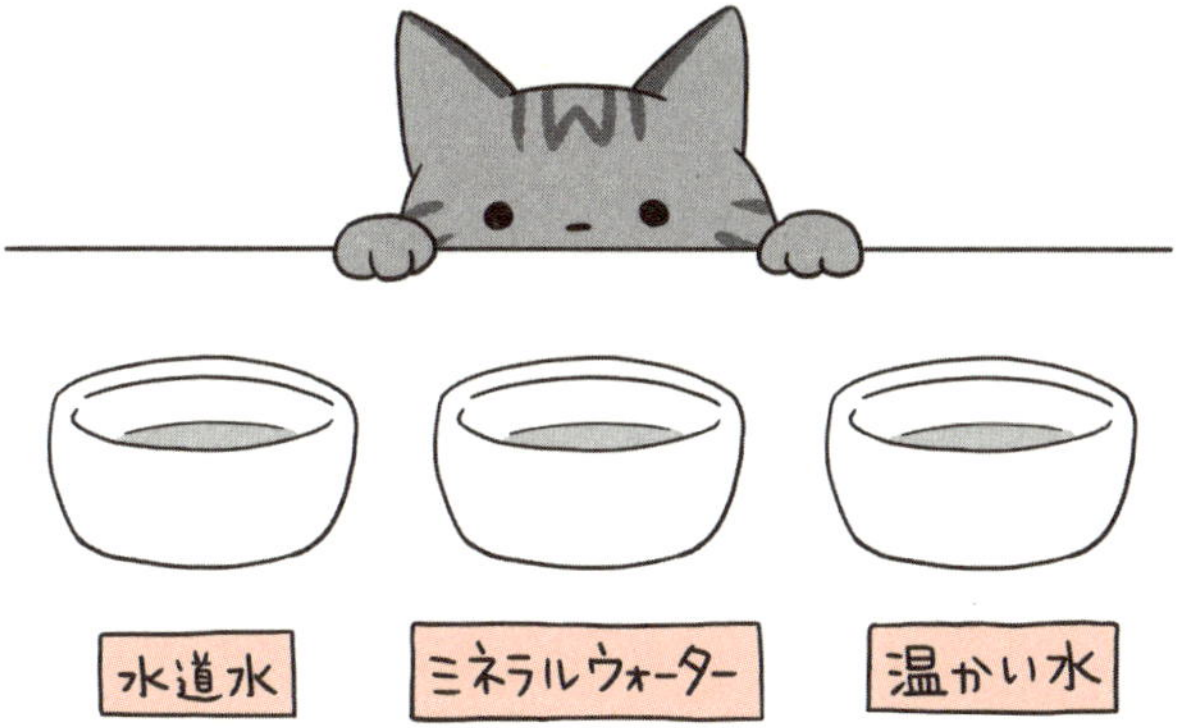

愛猫好みの水を探ろう

砂漠から来た習性からか、通りすがりにふと気づいた水を飲むのが好きなネコも多いのです。蛇口から垂れる水を飲みたがったり、風呂上がりの飼い主さんについた水滴を舐めたがったりするネコも。水を自分で発見する喜びを求めるのかもしれませんね。寒い時期にはお湯も人気です。

トイレとは離して置こう

キレイ好きでにおいに敏感なネコ。トイレのそばでの食事はお気に召しません。フード・水の器はできるだけトイレの存在が感じられない場所に。また、ネコはフードと水を同時に取らないので、水飲みの器とフードの器は離しても問題ありません。

器にも好みがある？

水を飲むときに、ヒゲが器に当たることを嫌うネコもいるので、口が広めの器がオススメです。また、ネコはほかのネコと器を共有することを好みません。多頭飼いの場合は、必ず頭数分以上の器を用意してあげましょう。

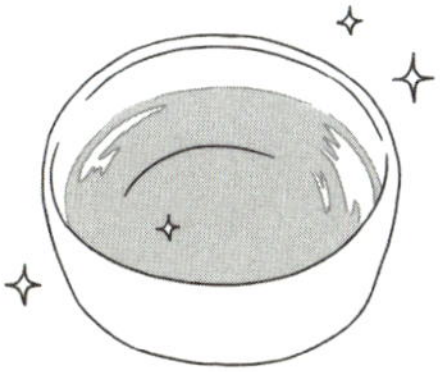

トイレは毎日キレイに

キレイなトイレで心身共にすっきりしたい

掃除をしないと ガマンか粗相か病気に

ネコの尿は濃度が濃く、肉食のため便も強烈なにおいを放ちます。ネコはキレイ好きでにおいに敏感なため、トイレが汚れたままでは入ろうとしません。排泄自体をガマンして病気を招いたり、別の場所で粗相をしたりすることも。ネコが排泄したらすぐに、排泄物と汚れた砂を取り除きましょう。2～4週間を目安に砂を総入れ替えし、トイレ容器も洗浄を。その際、ネコの苦手な柑橘系の香りの洗剤は使用しないでくださいね。

便は1日1回で快腸

個体差もありますが、尿は1日2～4回程度、便は1日1回程度が健康の証。尿の回数が2日1回以下だったり、7回以上の日が続いたりする場合は、病気の疑いも。ただ、便が2～3日に1回程度でも、ネコがしっかり排泄して元気な限りは問題ありません。便を4日以上しなかったり、トイレで苦しそうにいきんだり鳴いたりするときは気をつけて様子見を。調子が悪そうなら病院へ。

トイレ掃除のポイント

汚れないうちに掃除する。これが手間を省く一番のポイントです。ネコが使ったらすぐに汚れた部分を取り除くと悪臭防止にもなります。尿や便を片づけるときには、状態を確認して健康管理に役立てましょう。最低でも1日1～2回は掃除。月に1度は中身を全部入れ替え、トイレも丸洗いすること。洗浄後、天日干しできるとベターです。

洗剤は柑橘類NG

ネコはにおいに敏感です。香りのきつい洗剤を使うのはやめましょう。特にネコが嫌う柑橘類の洗剤は使わないのが無難です。トイレを嫌うと、ガマンする癖がついてしまいます。

MEMO

トイレを丸洗いしたときに使えなくならないよう、最低でも2つ用意して、丸洗いのタイミングはずらすようにしたいですね。

ネコの睡眠時間は1日16時間

安眠できる環境づくりで天使の寝顔に癒やされたい

寝てばかりでいいんです 小さくても逞しい秘訣です

ネコは狩りをする以外は、寝て過ごして体力を温存していたと言います。そうした野生時代の習性の名残で、1日のうち16〜17時間は眠っています。とはいえ、そのうち12時間近くは眠りの浅いうたた寝。脳は活発に動いているもののカラダの力は抜けている状態で、ときどき脚やしっぽがピクピク動いています。

ネコの寝姿は触りたくなるかわいさですが、熟睡時にちょっかいを出すのは禁物。安眠できないとストレスがたまることに。

お気に入りを選ばせて

そのときどきのマイブームで、好き放題に寝場所を決めるネコ。いろいろなシチュエーションの寝場所を用意してあげるといいでしょう。飼い主さんの膝の上や、近寄ってカラダをくっつけながら寝たがるネコも。できるだけ動かずにいてあげたいけれど、用事のあるときには落ち着く場所にそっと移動させましょう。

こんなときは寝心地が悪い？

- 何度も寝返りを打って落ち着かない。
- 移動しては横になることを繰り返す。
- しっぽをパタン、パタンと振り続ける。

エアコンなしで快眠を

暑さに強いネコは、あまりエアコンを必要としません。特に寝るときは普段よりも温かめの環境を好みます。ひんやりした床など、自分で一番快適な場所を選びます。むしろ、エアコンで冷えた部屋、直接エアコンの風が当たる部分は苦手。エアコンをつけている部屋は閉め切らず、ネコが自由に出入りできるように。

MEMO

寝ている時間が長いため、「寝る子」が「ネコ」に。そんな名前の由来説があるほどです。

毛づくろいは落ち着くためにする

舌で舐めることで自分のにおいを再確認します

祖先から受け継ぐ健康の指標

毛づくろいは、ネコの祖先が、体温調節のために全身を舐めていたことが習性として残っていると言われています。また、飼い主さんに叱られたあとなどの毛づくろいは「転位行動」と呼ばれるもので、精神的に落ち着くために行います。いつもより毛づくろいが頻繁な場合はストレスを抱えている可能性があり、反対に毛づくろいをしなくなった場合は、病気やケガが隠れていることも。毛づくろいは心身の健康のバロメーター。注意して見てあげましょう。

幼い頃の思い出が今も

生後1カ月ほどの子猫は、自分で毛づくろいをすることができないので、母猫が代わりに舌でしてあげます。マッサージ効果もある母猫の毛づくろいは、子猫にとっての至福のひととき。毛づくろいで心が落ち着くというのは、その幸せの記憶が作用しているのかもしれません。

仕切り直しの毛づくろい

のんびりリラックスしながら行う毛づくろいとは別に、ケンカ中の２匹が突如毛づくろいを始めることがあります。これは興奮状態の気持ちを抑えて、「仕方ないな……」と次の行動へ移るための儀式のようなもの。無意識の鎮静剤として、毛づくろいは活用されているのです。

MEMO

毛づくろいは、古くなった毛や皮膚の細胞をそぎ落とし、舌のマッサージ効果で血行をよくする効果もあります。

すりすりで縄張りの安心を得る

見知らぬものには、ひとまずすりすり

心配だから すりすりさせて

ネコは、よくカラダや頭をこすりつけてきます。この〝すりすり〟は、自分の縄張りにあるものや人に自分のにおいをつけるマーキング行動と考えられています。ネコは自分のにおいがついていないと落ち着かないため、しきりににおいをつけようとします。多頭飼いの場合は、ほかのネコともすりすりし合い、においを交換します。ネコがすりすりしてきたら、撫でたり抱き上げたりせず、思う存分すりすりさせてあげるほうがネコは安心します。

みんな私色に染まれ！

ネコにとっては飼い主さんだろうと家具だろうと関係ありません。
身の回りのものすべてを、自分の知っているにおいにしたいのです。

縄張りパトロールと日課

すりすりは縄張りを主張するマーキングの意味を持ちます。しかし爪とぎや尿によるマーキングに比べ持続性が低いため、ネコは日課としてパトロールがてらすりすりを行うのでした。

飼い主さんへのご挨拶

飼い主さんの手や腕に頭をすりつける行為は、挨拶の意味が大きいと言われます。これはネコ同士が挨拶する仕草に由来します。あなたのネコも、本当はあなたと頭同士をすり合いたいのかも？

ゆっくり瞬きは好きのサイン

ネコとの視線は合わせるでもなく無視するでもなく

お互いの瞬きで安心と幸せを分け合って

ネコが飼い主に対して瞬きをするのは、心を許しているサイン。リラックスしているときには、瞬きのほか、ウィンクしたり、両目をギュッと閉じたりすることも。逆に、目を見開いてじっと見つめているときは、緊張している証拠。ネコ同士のケンカでも、どちらかが目をそらすまで瞬きはしません。飼い始めや、よそのネコと接するとき、ネコが瞬きをしないようならこちらからゆっくり瞬きをして安心させてあげてください。

見知らぬ人には警戒を慣れた人には挨拶を

野良猫など、警戒心を強く抱いているネコにとって、見つめ合いは警戒の対象。目でお互いを認識していながら逃げないということは、相手が自分を狙っていると感じるからです。ただし、飼い猫などの場合は別で、飼い主さんとの見つめ合いは単純に挨拶などの意味があるようです。

目は口ほどに物を言う……？

飼い猫からのアイコンタクトを、ただの挨拶として無視するのも考えもの。ネコは喋れない分、目で飼い主さんへとメッセージを送っているからです。見つめる目つきも千差万別。普段からよくネコとコミュニケーションを！

ほったらかしだと……！

ネコの“遊んで視線”に気づけないでいると、とうとう実力行使に！　広げた新聞紙やパソコンのキーボードの上に、ごろんと寝転がって作業を邪魔するのは、ネコの「構ってほしい」のサインです。

MEMO

ゆっくりとした瞬きは、ネコが眠いだけの可能性も。こちらも瞬きをして安眠へ。

ふみふみは赤ちゃん時代の思い出

お母さんを思い出すとついやっちゃうのです

いくつになっても甘えたいのがネコの性

毛布や布団の上などでの〝ふみふみ〟は、とてもかわいらしい仕草です。寝る前の準備のようにも見えますが、これは赤ちゃん時代の名残と言われています。ネコは母乳を飲むとき、より母乳が出やすくなるように前脚で母親のおっぱいをマッサージするようにしながら飲みます。そのときの心地よさや安心感を思い出すのか、大人になってからも、毛布や布団などやわらかくて気持ちのいいものに触れると〝ふみふみ〟するのです。

ふみふみ？　にぎにぎ？　グーパー？

ふみふみはネコ特有の甘えの行為。初めて経験する人の多くは不思議に感じるそうです。実はこのふみふみ、交互に足踏みしているだけでなく、手のひらを開閉しながら押しているのです。そのため、にぎにぎやグーパーなんて呼ぶ人も。

いつまでも経っても赤ちゃん

ふみふみと同じくネコの甘える行為に挙げられる、飼い主の指への吸いつき。これも授乳時の思い出からくるものです。幼い間に卒業するネコもいれば、老猫になってから思い出したようにやるネコも。

MEMO

飼い猫の特徴に、幼児性を失わない
という点があります。
飼い主さんの前では、いつまでも赤ちゃんなのです。

ゴロゴロ鳴きのミステリー

未解明の発声には、こんなにもたくさんの意味がありました

ご機嫌なだけじゃない要求も治癒もこれ一本

飼い主さんに首を撫でられているネコや、母猫から授乳されている子猫などが発する、ゴロゴロという鳴き声。大体はネコがご機嫌なときに発せられます。しかし、この鳴き声にはほかの意味が含まれていることがあり、「ごはんちょうだい」などの要求を含んだものや、一説にはカラダの具合が悪いときに治癒力を高めるためにゴロゴロ鳴きをしているとも。

多彩な用途を持つゴロゴロ鳴きですが、その発声の仕組みは詳しく解明されていません。

音の大小は関係なし

鳴き声の大小とネコの気持ちは関係なく、お腹に耳を当てないと聞こえないほど小さな音でゴロゴロと鳴くネコや、別の部屋からも聞こえるほどに大きな音で鳴くネコもいるとか。

生まれてすぐにゴロゴロ?

ネコは生まれてすぐにゴロゴロ鳴きを覚え、母猫の母乳を飲みリラックスしているときなどは頻繁にゴロゴロ鳴きを行います。また一説には子猫のゴロゴロ音で母乳の出がよくなるとも言われています。

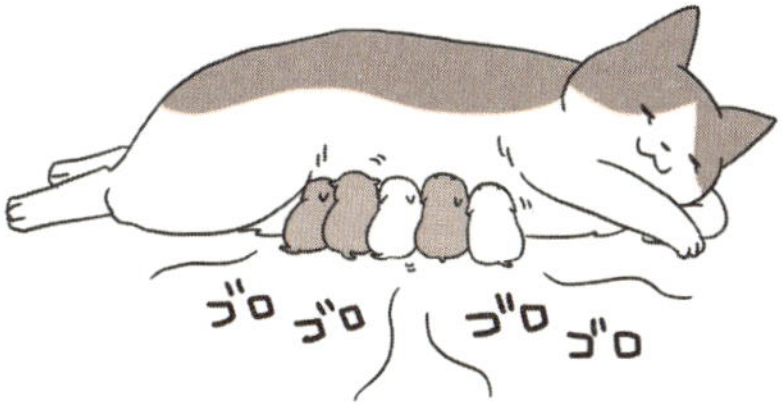

傷を癒やすためにゴロゴロ?

ご機嫌やリラックスしているとき以外に、体調が悪いときにもネコはゴロゴロ鳴きを行います。これは鳴き声の振動で骨に刺激を与えて新陳代謝を高め、体内の治癒力を高める効果があるのではと言われています。

MEMO

病院の診察台でゴロゴロ鳴いて、心音が聞こえないなんてネコもいます。

爪とぎは武器の手入れと縄張り主張

武器の手入れと縄張り主張はネコの本能です

本能的な行動は ネコ健康指標にもなります

ネコの爪には、層を形成する外側の爪と、神経や血管が通る内側の部分があります。ネコが爪とぎをする第一の理由は、古くなった外側の層の爪を剥がすため。ほかにも、自分のにおいをこすりつけ、縄張りを主張するという意味もあります。

ネコにとって爪は大切な武器であり、マーキングの手段なんです。ネコが爪とぎをしなくなったら、関節痛などがある場合も。座り方や歩き方をチェックしてみましょう。

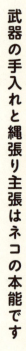

生き物の本能は止まらない！

私たちが伸び切った髪を切るように、ネコも古い爪は取り替えたいのです。また、爪とぎはマーキングにもなっており、縄張りを主張するための重要な行為。武器としての爪、縄張りとしてのマーキング、生き物が生きるための本能を奪うことは難しいのです。

やる場所を限定させる

爪とぎの本能を止められないなら、やる場所を与えてあげましょう。守りたい家具にはネコが嫌う香りのスプレーや保護シートを、その代わりにネコ好みの魅力的な爪とぎ板などを用意してあげるとベストです。

マーキングは縄張りの証

スプレーもすりすりも全部縄張りの主張でした

あれもこれも みんなマーキング

ネコには自分の縄張りに自分のにおいをつける、〝マーキング〟の習性があります。顎や頬、肉球にある臭腺《しゅうせん》から自分のにおいを出し、縄張りを主張するのです。臭腺からのにおいは人間にはほとんどわかりませんが、スプレーと呼ばれる尿のマーキングは強烈なにおいを発します。去勢していない雄に多く、去勢によって解消されることがほとんどですが、ストレスが原因で頻発することも。生活環境などもチェックしてみましょう。

マーキングのポイント

とにかく高く！大きく見せる！

ネコはスプレーの際に、可能な限り高い位置へにおいをつけようとします。これは、マーキングの位置により自分を大きく見せて、縄張りに侵入しようとする敵を威圧する目的があります。雄が強いにおいのスプレーを放するのは、縄張りを守るためです。

タイムリミットは24時間！

スプレーの効力は24時間程度と言われています。まだ十分においが残っていても、少しでもにおいが弱まると縄張りが危うくなると思うのか、ネコは毎日マーキングをし直すのです。これは室内で暮らすネコも同様で、家の中をパトロールするのはこのためです。

MEMO

雌はスプレーのにおいも回数も控えめ。それに比べて、雄のスプレーは強烈。これは、縄張りを守り、敷地内の雌を独占する目的があります。

後ろ脚キックは狩りのトレーニング

狩猟本能が目を覚ますと、止められません

有り余った元気でケガをしてしまうことも……

後ろ脚から繰り出される強烈なネコキックは、ネコの狩猟本能によるもの。獲物を仕留めたあと、相手を疲れさせるのが目的なので、一度始まるとなかなか止まりません。ほかに、遊びたいときや不機嫌なときにもキックすることがあります。キックと同時に噛んでくることもあるので要注意です。キックを止めさせるには、おもちゃなどで気を引くのが効果的。日頃から一緒に遊び、狩猟本能を満足させてあげるとよいでしょう。

止められない止まらない後ろ脚キック

在りし日のハンターの記憶

後ろ脚キックは動くものに対してのみ行われます。これは、野生のネコが獲物を捕まえたとき、暴れる獲物を確実に仕留めるためにキックを使っていたからです。前脚で獲物を押さえ、後ろ脚でキックして弱らせます。そして最後に牙でとどめをさしていました。

本能に対して怒らない

マーキングにも言えることですが、ネコの生存・狩猟本能に基づく行動は、止めることは不可能です。いくら注意しても止めないネコに対して叱ったりしてはいけません。ぬいぐるみやクッションなどをあげて本能を満たしてあげてください。

MEMO

ネコにとっては立派な狩りの練習。
会心の一撃を繰り出すこともあります。
痛いときは付き合いきらずに離れることが重要です。

夜の運動会は狩りのシミュレーション

体力有り余る今晩は、運動会を夜間決行！

ネコにとっては狩りの時間です

飼い主が寝ようとすると、ネコが鳴いたり、走り回ったり。あるいは明け方、ネコが騒ぎ出して叩き起こされたり。複数のネコを飼っている場合は追いかけっこをして、さながら夜の運動会と化します。

夜の運動会は、もともとネコが薄暗い時間帯に狩りをしていた頃の名残で、夜更けや早朝に狩りのシミュレーションをしているのです。寝る前にしっかり遊ばせることで、飼い主もネコもぐっすり眠れるでしょう。

多頭飼いでは鬼ごっこへ発展

狩りのシミュレーションとして行われる夜の運動会は、多頭飼いだといよいよ本格的に。それぞれで鬼を交代するような鬼ごっこへと発展します。どのように動くと獲物を捕まえられるかを学ぶと同時に、心肺機能や筋肉の強化にも役立っています。

運動不足解消で問題も解決

夜の運動会は狩猟本能の名残であると同時に、運動不足などのストレス発散として行われていることがあります。そんなときは、寝る前におもちゃを使ってネコと遊んであげましょう。運動不足も解消されて、夜はお互いにグッスリ眠れるかもしれません。

MEMO

寝る前の運動は、ネコのストレス解消になるだけではなく、習慣的に行うことでネコの異変に早く気づけるという効果もあります。

頻繁な甘噛みはストレスのサイン？

本来甘噛みは狩りの練習。ただ頻繁なときは注意が必要です

普段からの注意でネコのサインを見逃さない

ネコを撫でていると、ときどき甘噛みしてくることがあります。甘噛みには、いろいろな理由があります。ひとつは狩猟本能によるもの。飼い主の手によって狩猟本能がくすぐられ、獲物に見立てて甘噛みするのです。ほかに、離乳後も授乳の感覚が残り、人の指やぬいぐるみなどを噛むことも。さらには、撫でられたことを不快に感じるなど、ストレスによる攻撃の場合もあります。普段からよく観察し、心配な場合は獣医師に相談を。

困った甘噛みへの対処法

無視するのが一番の予防に

甘噛みを行う子猫は、経験不足のために噛む力の加減ができません。ケガをする前に予防しましょう。ネコが人を噛んだ場合は、無反応・無視を徹底すること。ネコに「噛むと遊んでもらえない」ということを学習させることで噛み癖がつく前に予防できます。

頻繁に噛むようなら病院へ

飼い猫の噛みつきは、狩りの練習以外に、蓄積されたストレスが原因の場合も考えられます。頻繁に噛みつくようなら、頭ごなしに叱らずに原因の究明を。また飼い主さんが気づかずにネコの敏感な部位を触ってしまって怒っている場合もあります。

MEMO

多頭飼いの場合、生後1カ月半頃から兄弟でのじゃれ合いが激しくなり、噛む力加減を覚えます。強く噛みすぎるとほかの兄弟に怒られるそうです。

「カカカッ」興奮したときの喉鳴らし

ネコだけが鳴らせる狩猟本能の表れ

狩猟本能が喉から漏れている

ネコが窓に向かって、「カカカッ」といった鳴き声を出していることがありませんか。これは、獲物に対しネコが興奮しているときの反応で、「クラッキング」と言います。

窓の外にスズメや虫などの姿を見つけた際に、捕まえることができないもどかしさや、捕食欲求が「カカカッ」という鳴き声になって表れるのです。すべてのネコがするわけではないので、初めて見た人は驚くかもしれません。正常なのでご安心を。

ネコだけが出せる謎の鳴き声

部屋の外の獲物に対して、もどかしさなどから発せられるこの鳴き声。ネコの中でもクラッキングをするネコと、しないネコがいますが、この鳴き声はネコ特有のものです。同じネコ科のライオンやトラにこのような鳴き声は出せません。

諸説あるも未解明のまま

獲物を見たときに鳴らすなど、クラッキングが発生する条件は特定されましたが、ネコが行う理由や意味は未だ解明されていません。一説によれば、獲物に対するもどかしさではなく、狩猟の気持ちを鼓舞する音だとも言われています。

MEMO

ネコがクラッキング中はそっとしておくのがベスト。獲物を見つけて興奮していたり、狩りのシミュレーションをしていたりする場合があります。

嘔吐は内容物の確認を

内容物や回数など、日頃のチェックが重要です

元気
下痢
体重
食欲
頻度
ぐったり

ただの習性？ それとも病気？

人間に比べ、ネコはわりとよく嘔吐します。特に長毛種は、毛づくろいの時に飲み込んでしまった毛などは吐き出します。

ネコが嘔吐したときは、内容物のチェックをしましょう。ごはんや毛、草が混ざっているなら正常とみてOKですが、回虫や血が混ざっていたり、薬品臭がしたりするときは要注意。病気が隠れていたり、誤飲したりした可能性もあるので、内容物の写真を撮ったうえで獣医に相談を。

嘔吐に気づいたら確認すべきこと

どれかに当てはまったら病院へ

1. 嘔吐の回数が週２回以上ある
2. 最近体重が減った
3. 食欲がなくなった
4. 吐いたものに血が混ざっている
5. 下痢気味

吐けないネコには猫草を

猫草はチクチクした葉でネコの胃を刺激して、飲み込んでしまった毛玉などを吐き出させる効果があります。長毛種などでうまく吐き出せないネコは、お腹の中に毛玉がたまってしまうことも。日頃からチェックして必要に応じて猫草を与えましょう。

MEMO

長毛種に比べ短毛種は毛がそこまで抜けないので、毛玉の吐き出しも少なめ。短毛種で頻繁に毛玉を吐くようであれば病気の疑いを。

ネコは高いところが落ち着く

高いところは安全と、遺伝子に組み込まれています

高いニャー
絶景だニャー

攻撃と防衛を担うネコのベストスポット

ネコの高いところ好きはよく知られています。屋外では屋根や塀の上、家の中ではタンスやテーブルの上などがネコの指定席。これは野生の名残と言われています。

野生のネコは、地上の敵から襲われにくく、かつ地上の獲物を見つけやすい木の上で暮らしていました。ネコにとって高いところは、安全に自分の身を守れる場所なのです。人間にとっては高いところは危険というイメージがありますが、ネコは逆なのですね。

地上より敵が少ない高所

野生のネコは基本的に単独で狩りを行っていました。その際に外敵から身を守るため、高所を好んだと言います。野良猫が高い場所でのんびりしているのは、散歩中の犬や近所の子どもたちから、身を守るための本能なんですね。

数少ない上下関係の表れ

ネコはお互いに上下関係を築かない生き物ですが、高い場所にいるネコのほうが強い立場だと言われています。実力で勝るネコがやってきた場合は、立場の弱いネコは高いところを譲らなければいけないなんてことも。

MEMO

縄張り争いでケンカになりそうなとき、強いネコが高い位置に立って威嚇すると、弱いネコはカラダを低くして地面に寝転んで降伏を示します。

ネコは狭いところも落ち着く

より狭くて暗いところへ！ ピッタリ探しの旅は続く

先祖代々狭いところ好き

ネコは、狭いダンボールの中や家具と家具の隙間など、狭いところが大好きです。なぜ窮屈な場所に入りたがるのでしょう。

ひとつには、狭い場所は自分の縄張りとして落ち着くからだと言われています。ネコの祖先であるリビアヤマネコは、狭く暗いところを寝床にしていたと言われ、その名残だと考えられます。また、狭い場所はネズミなどの獲物がひそんでいることがあり、それを探そうとする習性が狭い場所へネコを駆り立てるという説もあります。

カラダひとつ分あればいい！

ネコは、より小さく、自分にピッタリのサイズの場所を探し求めます。ネコの祖先・リビアヤマネコは樹の幹に空いた穴や岩の隙間などを寝床としました。それも自分のカラダでギリギリの大きさです。これは、寝床に外敵を侵入させないためと、空間を狭くすることで、寝床の中の温度を高く保つ目的がありました。

暗い場所だとより好みに

どこを探しても姿を見つからないとき、ネコはたいてい薄暗くて狭いところにいます。クローゼットの中のキャリーケースや、廊下の片隅にダンボール箱などを事前に置いておけば、ネコの行方を探しやすくなるかもれません。

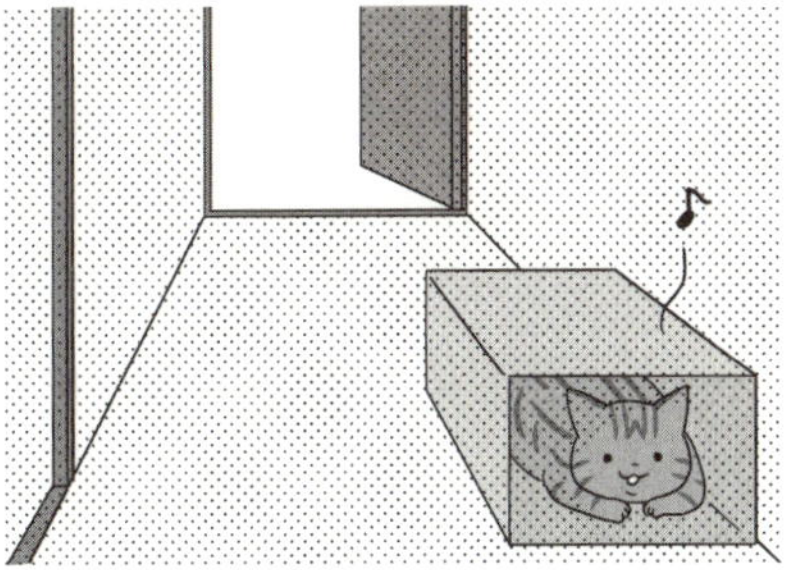

MEMO

狭いところに隠れたまま出てこないネコは注意して見てあげてください。ただ好きすぎることもありますが、体調不良の可能性も考えられます。

窓の向こう側は憧れの世界

まだ見ぬ世界に思いをはせて、窓を見つめます

コロコロ変わる景色に魅入られて

ネコは窓辺で景色を眺めるのが大好きです。窓の外には小鳥や虫が飛んでいたり、小学生が走り回っていたり、ネコの好奇心をくすぐる光景がいっぱい。

室内飼いの場合、一度も外に出たことがないというネコが多いはずです。安全でごはんに困らない反面、変化の少ない飼い猫暮らしの中で、窓の外は刺激に満ちたワンダーランド。カーテンはできれば開けはなち、外の世界を味わわせてあげたいものです。

カーテンは開けておいて

ネコは寝ているとき以外、ほとんどの時間をひとりで過ごしています。そのため、変化に富んだ窓の外の風景はネコにとって魅力的に映るのかもしれません。自分でくぐれるカーテンはいいのですが、重たいブラインドなどは普段から開けておいてあげると喜びます。

たとえ外に興味があっても……

一般社団法人ペットフード協会の調査によれば、2015年のネコの平均寿命は、「家の外に出ない飼い猫」が16.40歳、「家の外に出る飼い猫」が14.22歳と大きな差が出ました。野良猫に至っては正確な調査が行われていませんが、飼い猫の半分以下の寿命だと言われています。たとえ飼い猫が外の世界に興味があったとしても、ずっと一緒にいるために、室内飼いを徹底することが大切です。

MEMO

ネコの窓やベランダからの落下には特に注意を。
窓は開けない・ベランダには出さないことがベスト。

縄張りチェックが生んだ「猫転送装置」

大げさな名前ですが、試してみるとクセになります

ネコ好きが開発した ネコまっしぐらの発明品

「猫転送装置」をご存知でしょうか。床にテープやヒモなどで輪をつくり、しばらくそのままにしておくとその中にネコが入ってしまうのです。中には素通りするネコもいますが〝転送率〟は7～8割。ネコは縄張り意識が強く、周囲に見慣れないものがあるとにおいを嗅いだり触ったりしてチェックします。そして、安全だとわかると、その中に入って居心地を確認します。「猫転送装置」は、ネコの好奇心と縄張り意識を利用した遊びなのです。

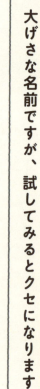

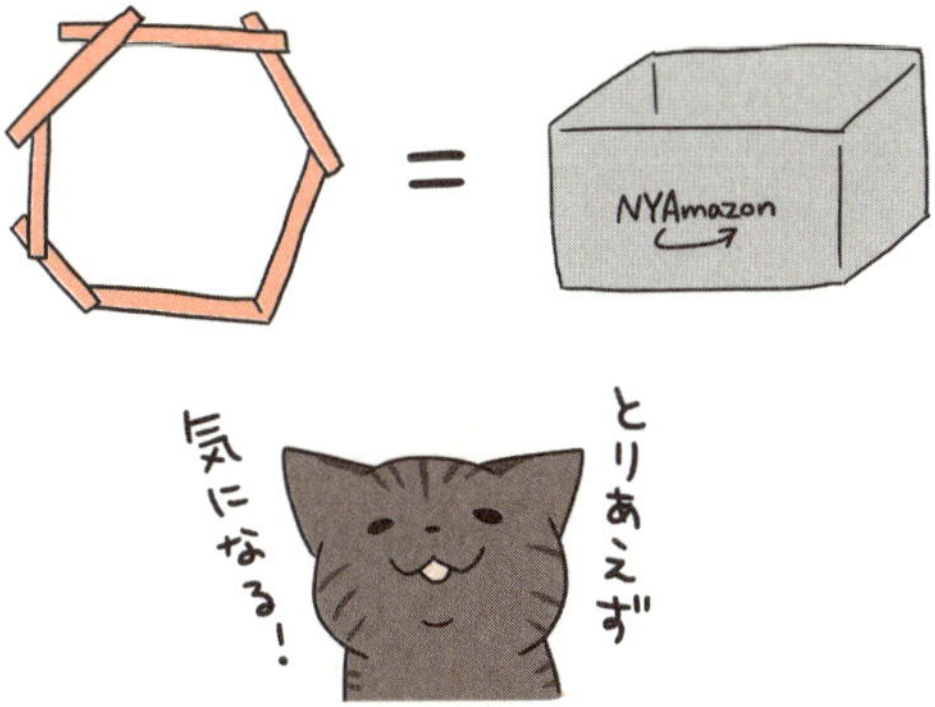

ネコは好奇心に抗えない！

ネコは好奇心が強い生き物で、新しいもの好きとも言えます。そのため、新しい家具など見慣れないものに対しては積極的。そんなネコが、自らの縄張りに突如現れる「転送装置」を放っておくはずもありません。入念な調査の末に、転送されてしまうのでした。

若いネコほど試したがる

縄張りの新参に対するチェック行動は、好奇心旺盛な若いネコほどマメに行います。好奇心も薄れた老猫は、なかなか転送を完了できません。若いネコも入ってみるも何もないとわかると、それ以降は興味を失うようです。

MEMO

ネコは比較的視力が低く、色の見分けも苦手なため、パッと見た限りでは「転送装置」が何なのかわかっていない可能性もあります。そのための確認行動なのかもしれません。

ネコがものを落とすのは楽しいから？

落とすものより、飼い主さんで遊んでいるのかも？

面白ければ大体やってみる

ネコは机や台の上のものをよく落とします。その第一の理由は、楽しいからです。鉛筆だと転がり、グラスだと割れるといった具合に、落とすものによってその様子は様々。ネコは獲物を想起させるものが好きなので、落下の動きが楽しいのです。

　また、ものを落とすと飼い主さんが来たり声を出したりするので、反応を楽しんでいる可能性も。ネコがものを落とすのは防げません。落とされたら困るものは置かないようにするしかなさそうです。

第3章

ネコとの暮らしを充実させる

ネコって
何を考えてるんだろう…
急にどうしたの
だってさー
楽しんで遊んでると思ったら
キャッ
キャッ
急にどこか
行っちゃったりするんだもん
ふいっ
ミステリアスなところが
いいんじゃない？
そうなんだけどー
ネコの考えていることが
わかったら
もっともっと楽しいと
思うんだよねー

ネコの気持ちはわかるよ
犬山専務
専務！
お疲れ様です
おつかれ〜
ネコ、お好きなんですか？
てっきりイヌ派かと…
おとなり座らせてね
30年くらいずっとネコと暮らしてるよ
今は２匹いる
えーすごい！
どうすればネコの気持ちがわかるんですか？
それはだね
ネコは全身で私たちに話しかけているのだよ！

全身で？
耳の形やヒゲがわかりやすいかな。ネコの耳がぺったんこになってるときがあるでしょ
ぺたん
ありますね
こわい…
そういうときは何か怖がってる状態だったりするよ
へー！
トラ吉もカミナリが鳴るとぺったんこになってるな…
あと、しっぽもとても感情が出る部分だよ
ご機嫌
怒り・興奮
様子見
おーーっ！

気持ちがわかればコミュニケーションも取りやすいんだ
そういえば、うちのネコ肉球を触ろうとすると逃げちゃうんですけど…
ネコは肉球を触られるの嫌なんだよ
だから、少しずつ足を触ってネコを慣れさせてあげるんだ
TOUCH!
ネコが慣れてくれたら肉球も触り放題に！
しつこく触るのはやめてあげてね
キャーーー!!
早く帰ってネコに会いたい
午後の仕事も頑張って定時に帰ろう
モチベーションアップだね！

目・耳・ヒゲで気持ちを読み取る

ネコが発するボディランゲージを見逃さないで

チャームポイントで気持ちを読み取る

よく動く大きな瞳（瞳孔）はネコならではのチャームポイント。ネコの瞳は豊かな表情を見せてくれます。

ネコの耳は普通前向きですが、不安や恐怖などで感情が揺れるほど横から後ろへ倒れていきます。

ヒゲは方向感覚を保つ、空気の流れを察知するなど重大な役割があります。瞳の大きさと耳、ヒゲの向きから、多くの感情を知ることができます。

目は口ほどにモノを言う！？

瞳孔は周囲から入る光の強さによって調整する機能が一般的ですが、ネコは瞳孔からも気持ちが読み取れます。状況によって全く逆の気持ちを抱いている場合もあるので、よく観察を。

興味・興奮
不安・恐怖の場合も

リラックス中

警戒・嫌悪感
リラックスの場合も

一番わかりやすいネコココロのポイント

ネコの気持ちを直に反映している部位が耳です。耳が立っていたり・伏せていたりのほかに、耳が向いている方向からネコの気持ちを読み取ることもできます。伏せているときは要注意。

興味津々

警戒・緊張

恐怖

風でなびいてるんじゃありません

ヒゲの伸びる方向にも、ネコの気持ちが隠されています。元気なときはヒゲの張りもよくピンと伸び、体調や機嫌が悪いときはヒゲも力なく下がっていることが多いです。小さなサインですが、見逃さずに。

興味津々

ビックリ

恐怖

鳴き声で気持ちを読み取る

細かく分けると20通り。意識的に耳を傾けることが重要です

総合的な判断で ネコの気持ちを理解して

ネコにはおよそ20通りの鳴き声があると言われています。ネコ同士の鳴き声でのコミュニケーションは発情期やケンカの際が代表的ですが、飼い猫もいろいろな鳴き声で飼い主さんへ気持ちを伝えています。

ネコの鳴き方は個体差が大きく、しきりに話しかけたり、ひとり言を言うネコもいれば、年に数回しか鳴かないネコもいます。ネコの気持ちを知るには、鳴き声だけに頼らず、仕草や状況から総合的に判断しましょう。

希望と要求

飼い猫に最も多い声。食事や遊びなど、主におねだりに使われる。

リラックス

生後間もなくから発する。体調不良などを訴えている場合も。

返事と挨拶

飼い主さんや見慣れた人から話しかけられたときにする反応。

追い払うときの威嚇

客人など外敵と見なしたものへの威嚇と警戒の声。

痛みからくる叫び

しっぽを踏まれるなど、強い痛みを感じたときに発する。ケガの確認を。

おいしくて嬉しい

食事のときに、おいしくて思わずこぼれる鳴き声。

関心と興奮

窓の外に鳥や虫を見つけたときの、襲いかかりたい気持ちの表れ。

発情時の呼び込み

発情時の雌ネコが雄ネコを呼び込む声、または雌ネコに応える雄ネコの声。

ひと安心……

緊張が解けて安心したときに漏れる声。鳴き方に個体差がある。

姿勢で気持ちを読み取る

平常時の姿勢を知ることでネコの異常を早めに気づく

今、どんな気持ちでしょうか？
…「何とかしてください」かな…？
正解だニャ
何とかしてください

ネコの喜怒哀楽を姿勢で理解する

飼い猫は1日の大半を座るか寝て過ごします。前脚を折りたたんで丸くなる「香《こう》箱《ばこ》座《ずわ》り」が定番ですが、ぬいぐるみのように後ろ脚を前に出して座る子もいます。野良猫と違って危険がないため、緊張感ゼロの奔放な寝姿で笑わせてくれる子も少なくありません。

『雪』という童謡に「ネコはこたつで丸くなる」とあるように、季節によっても違う姿勢が見られます。恐怖心や警戒心なども姿勢に表れます。適切に対処しましょう。

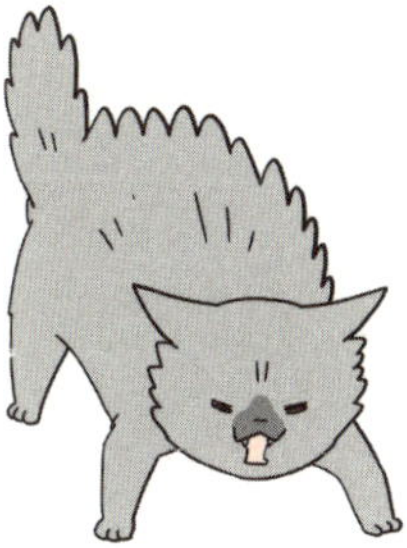

大きく見せて敵を威嚇！

毛を逆立てることでカラダを大きく見せ、相手を威嚇しています。ただネコ自体は非好戦的な生き物なので、難が去れば収まります。ネコが威嚇しているときは、無理になだめようとすると攻撃される場合もあります。落ち着くまで待ちましょう。

こわいとカラダが縮こまる

突然の来客や、物音などを聞いて恐怖を感じているときの姿勢です。姿勢を低くして、しっぽを後ろ脚の間に入れることでカラダ全体を小さく見せ、相手に対して敵意がないことを主張します。精神的に不安定なことが多いので柔軟に見守ってあげてください。

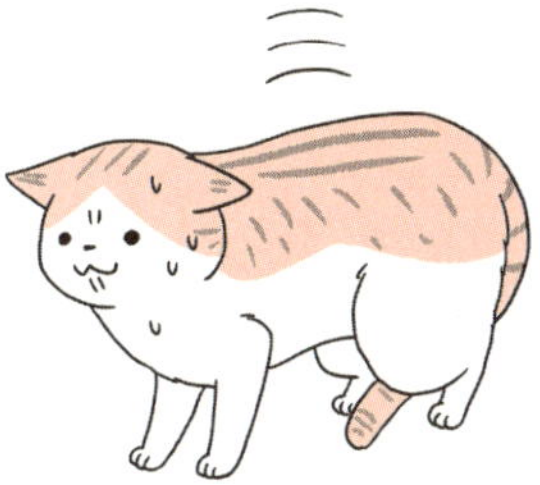

リラックスすると丸くなる

香箱座りに代表されるように、リラックス時のネコは丸く収まっています。ただ、四肢を床につけておくことで、いつでも逃げられるようにはしています。仰向けでゴロンと寝転がっているなら、心の底からのんびりしているとき。ゆっくり休ませてあげてください。

しっぽで気持ちを読み取る

バランサーで、マーカーで、スピーカーで……

ネコはしっぽで語るんだニャ! よーく見てねー!!

多彩な動きは細かな筋肉と骨から

　ネコ科の動物はしっぽで意思表示をします。ネコのしっぽには、尾椎《びつい》と呼ばれる18～19個の連続した短い骨と、12本もの筋肉があり、微細な動きをつくり出すことができます。自由自在に動くしっぽはカラダのバランスを保つほか、様々な感情も表現しています。また、しっぽの付け根に皮脂腺があり、マーキングの働きをしています。

　イヌもしっぽで感情を表しますが、イヌとネコとでは意味が違うので気をつけてください。

観察・待機

様子見をするときは、しっぽが水平よりやや上の位置に。

友好

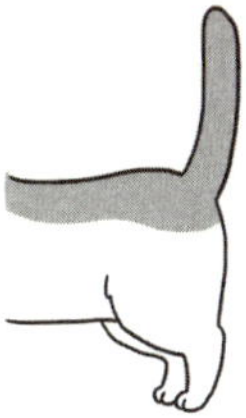

しっぽを真上に立て、仲よしを主張しています。

喜び

しっぽを左右に震わせて、嬉しさを表しています。

挑発

立てたしっぽを左右に振り、相手を馬鹿にしています。

防御

臨戦と同様に垂れていますが、しっぽに力がこもっています。

臨戦

しっぽをだらりと降ろして、臨戦態勢の構えです。

怒り

毛が逆立ち、しっぽがボンと膨らんだ様子に。

不安

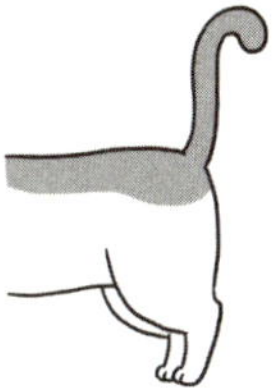

不安なときは、しっぽが真上に立つものの先端が曲がります。

恐怖・服従

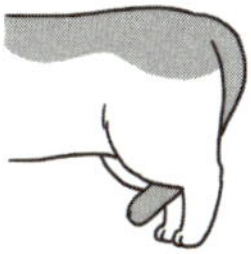

恐れから、しっぽをカラダに収めて自分を小さく見せます。

興味・警戒

先端を震わせて、警戒しつつも興味を持っています。

イライラ

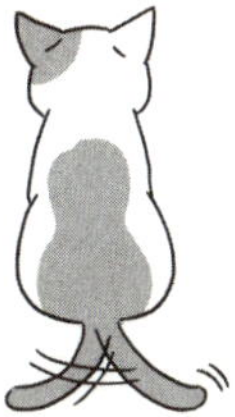

しっぽを降ろして左右に振っていたら何かに嫌がっています。

リラックス

地面に対して水平にしっぽを保っていたらリラックス中です。

歩き方で気持ちを読み取る

ネコにもご機嫌な歩き方があります

基本的には忍び足 変化があったら要注意

ネコは通常、頭を上げて爪先立ちで歩きます。指骨部だけをつける「指行性」という歩き方で、ネコ科やイヌ科の動物に見られます。いわゆる〝忍び足〟です。野生の状態では、獲物に気づかれないように近寄り、ダッシュしたり急旋回したりするのにとても便利な歩き方です。

健康なネコは一定のリズムで歩幅を揃え、しなやかに弾むように歩きます。かかとをつけて歩いたり、脚を引きずっているようなら病気の可能性あり。すぐに動物病院へ。

不調歩き

顔としっぽを下げてとぼとぼと歩いているときは、不調だったりストレスがたまっていたりする場合が。注意して観察を。

ご機嫌歩き！

ネコが顔もしっぽも上を向けて、リズミカルなステップを踏んでいるときはご機嫌です。顔も心なしか嬉しそうです。

かかとをつけて歩く

警戒しているようでもないのに、頭を下げたままであったり、かかとをつけたまま歩いていたら病気のサイン。病院で受診を。

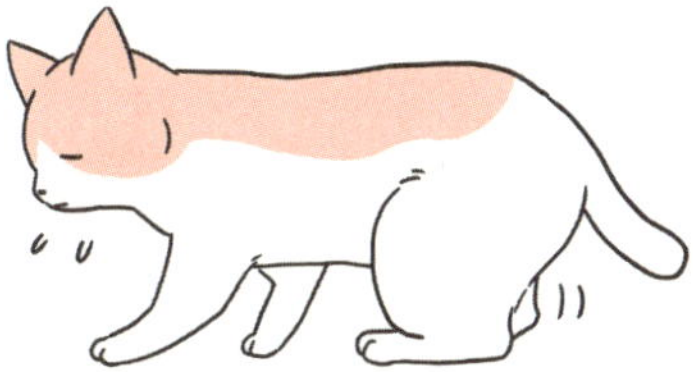

警戒歩き

身を低くしてゆっくりと歩いていたら、警戒のサイン。いつでも獲物に飛びかかれるよう、上半身を屈めて歩きます。

ハンター本能をくすぐる遊び方

こまめな遊びで運動不足を解消しましょう

飽きっぽい分 マメさが大事

生来のハンターであるネコは、遊びを通して狩りの方法を学びます。ネコと遊ぶときには、獲物となる小動物の動きを取り入れるなど、ネコの狩猟本能を刺激してあげると、夢中になります。基本的に飽きっぽいので、一度に遊ぶ時間は短くてOK。その代わり、遊ぶ回数を増やすといいでしょう。遊びはネコの運動不足やストレスの解消に役立ちます。ただし、無理強いはしないこと。ネコが好きな遊び方を尊重して。

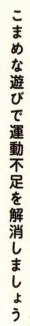

子猫時代はとにかく遊んで

遊び方はネコの年齢によって変えましょう。子猫など成長期の段階の遊びは特に重要で、精神的·肉体的な成熟の助けになります。猫じゃらしなどを使って上下運動を意識した遊びを取り入れることで、より運動効率の高い遊びができます。

誤飲を防ぐために

小さいものや、やわらかくて簡単にちぎれるものは、遊んでいるうちにネコが誤飲するおそれがあります。遊び終わったらきちんと片づけを行うこと。出しっぱなしは厳禁です。飼い主さんがほかのことをしながらの「ながら遊び」も要注意。

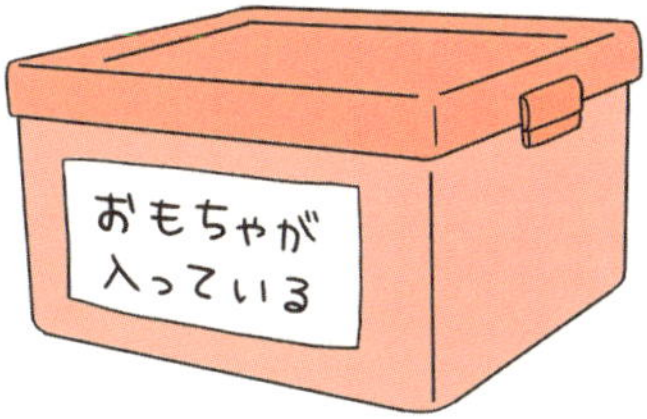

MEMO

同じおもちゃだと飽きてしまいます。
猫じゃらしの次は懐中電灯で照らして……など
バリエーションを持たせて。

ネコをイチコロにする「撫で方」

体調管理のキホンでもあるので正確な知識を

ベストプレイスを しつこすぎないように

多くのネコはやさしく撫でてもらうのが大好きです。ネコのカラダに触れていると飼い主も癒やされますし、病気の早期発見につながるという点でも、大切なスキンシップです。

ネコが喜ぶポイントは、毛づくろいするときに自分の舌が届かないところ。反対に、足やしっぽは嫌がるネコが多いようです。とはいえ、ネコによって好みは千差万別。気持ちよさそうにしているか確かめながら撫でてあげましょう。

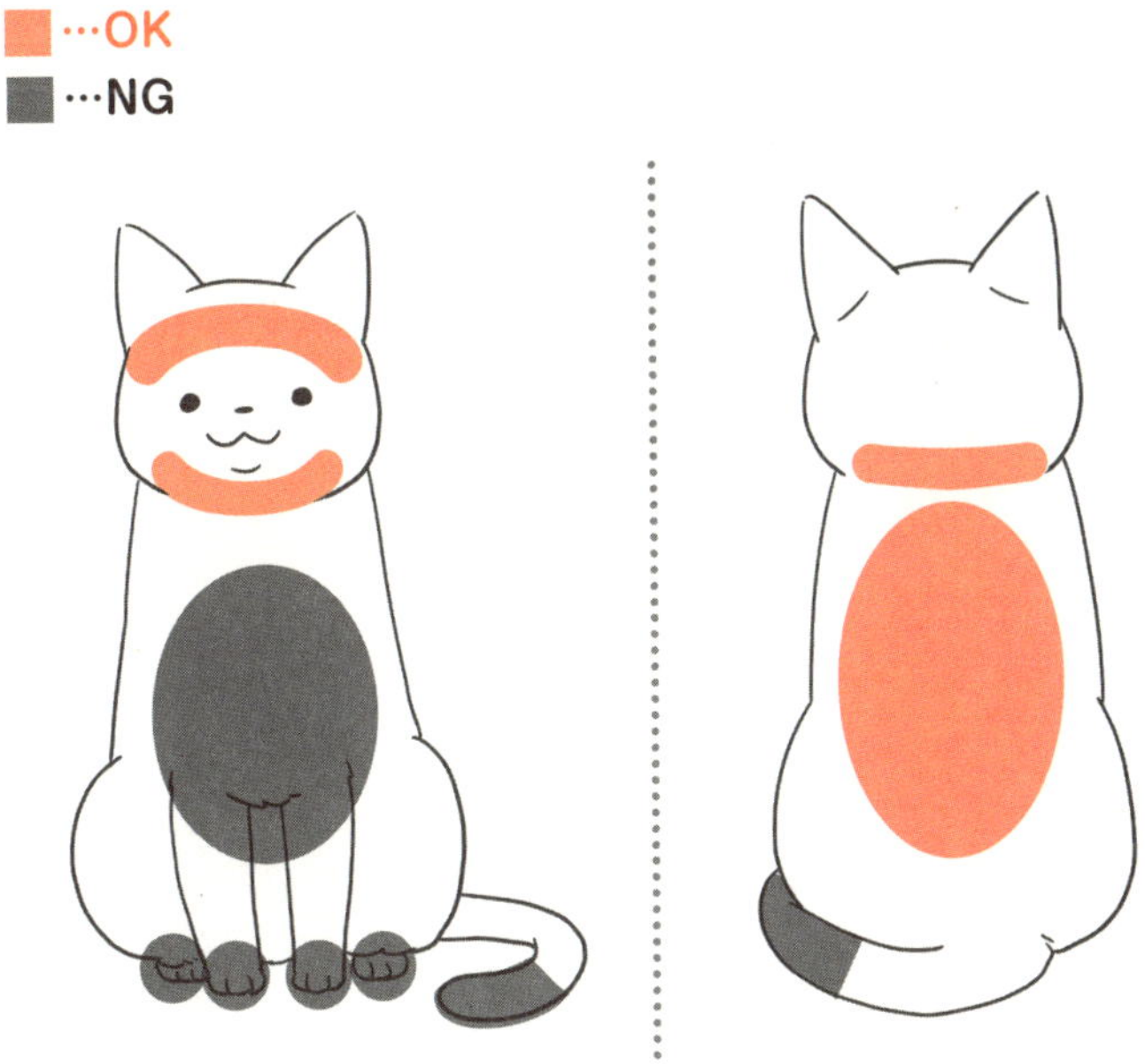

ネコは顔と首回り、背中をやさしく撫でられるのが好きな傾向にあります。急所でもあるお腹回りは、ほとんどのネコが嫌がるので撫でないようにしましょう。顔や顎の下はネコの分泌腺が集中しているため、特に好みのポイントになります。

ポイント

ネコを撫でるときは、大きな音を立てずにゆっくりとした動きが重要。手のひらより、指の腹を使ってやさしく撫でてあげましょう。毎日触れ合いながら、ネコのちょっとした変化に気をつけてあげてください。

NG

ネコを撫でる際のありがちなNGは、しつこく撫ですぎること。しっぽを左右に振り始めたら終わりのサイン。嫌がる前に引き上げましょう。毛づくろい中や食事中も、撫でられたくないタイミングです。

ネコを甘え上手にさせる抱っこの仕方

抱っこ嫌いになる前の最初が大事です

お手入れにも必要なので正しい抱き方を

基本的にネコは抱っこが苦手です。断固として拒否するネコも少なくありません。動物全般に言えることですが、抱っこによってカラダが拘束され、すぐに動くことができないからです。大好きな飼い主さんに抱かれていても、おそらく1分とはもたないでしょう。爪の手入れなどで抱っこの必要がある場合は、ネコの下半身をしっかり支え、お互いのカラダを密着させて抱くのがコツ。カラダの一部を引っ張ったり、強く抱きしめるのはNGです。

ネコ思いな抱っこの仕方

❶ 抱く前にひと声かける

たとえネコから近づいて来たとしても、抱っこして迎え入れるのはNG。ネコはビックリしてしまいます。抱っこする前にひと声かけることで、ネコに「抱っこ前の通例」として慣れさせることができます。

❷ やさしく持ち上げる

ネコへの声がけが終わり、嫌がる様子もなければ、ネコを抱っこします。ネコの両脇の下に手を入れやさしく持ち上げたら、すぐに片方の手でネコの下半身を支えるように抱いてあげましょう。

❸ 包み込むように抱く

飼い主さんとネコの間に隙間があると、不安定でネコはこわがります。ネコのカラダを包み込むように抱くことでネコも安心します。ただ、ギュッと抱きしめるのはNG。ネコにストレスを与えるだけです。

MEMO

抱っこに慣らすときはまずは座って行いましょう。
立って行うと嫌がるネコが床へ転落してしまうことも。

実は嫌？ 肉球タッチは様子を見て

足先は敏感な部位。触れるならネコの様子を見てからにしましょう

肉球のマッサージしてあげよっか？
触りたいだけでしょ
結構だニャ

飼い主さんの都合でネコにストレスが……？

肉球は、ネコの最大のチャームポイント。肉球だけを集めた写真集があるほどです。

ネコのカラダで唯一、汗腺があるのが肉球です。汗をかくことで体温を調節するほか、衝撃を吸収する、足音を消す、滑り止めなどの大切な役割を担っています。それだけに、とてもデリケートな部位なのです。子猫の頃から肉球タッチを習慣づければおとなしく触らせてくれますが、もしかすると内心では迷惑がっているのかも？

細い脚で体重を支えるためのクッションに

カラダの何倍も高い位置から颯爽と飛び降りるネコ。この着地を支えるのが肉球です。着地の際に獲物に気づかれないよう音を消す機能もあります。衝撃に強いとはいえ、毛も生えておらず繊細な部位なので触るなら控えめに。

マッサージついでに健康チェックも

ネコが肉球を揉むことを許してくれるからと言って甘んじていませんか。せっかくスキンシップをする機会があるのなら、肉球のマッサージついでに、爪が伸びすぎていないかなど日々のケアチェックもあわせて行いましょう。

MEMO

肉球の間から生える毛は基本的に切る必要はありませんが、高齢の長毛種などは滑ることを考慮して動物用のバリカンなどで切ってあげましょう。難しければ、トリマーさんか動物病院へ。

来客への威嚇はそっとして

ネコと来客、両方のストレスを配慮すること

来客時のネコの反応は十猫十色?

縄張り意識の強いネコから見れば、来客は「ふいに入り込んできた敵」ということになります。負けじと威嚇するネコもいれば、玄関チャイムが鳴った途端に隠れるネコもいます。逆に、愛嬌を振りまいてすり寄ってくるネコ、ボディガードのように来客が悪さをしないか見張りに来るネコもいるようです。

いずれにしても、ネコに悪気はないのですから、叱ったりしないこと。最初から来客と対面させせない工夫をするほうが賢明です。

平和のために必要なこと

基本的に争いごとを好まないネコ。縄張りへの侵入者に対しても、ケンカにならずに場が収まればそれが一番だと考えています。「シャーッ」という鳴き声は、相手を追い返すための牽制の声。来客に限らずネコ同士でも使われます。

ネコの避難場所を事前に用意

来客に対し警戒しているネコを、無理に対面させるのはネコにとって大きなストレスに。事前にネコの避難場所を設けておくことで、ネコも落ち着いて過ごせるようになります。来客の荷物にマーキングされないよう、ネコの届かないところに隠すのも忘れずに。

MEMO

来客がいるせいでネコがトイレまで行けず、粗相をしてしまうことがあります。来客時は忘れずに場所の調整を。

伝家の宝刀・マタタビ

ストレスや食欲不振を解消する、ネコ大好物の秘密兵器

適量であれば、きっと嬉しいものに！

古くからネコの大好物として知られるマタタビは、実を乾燥させた粉末や小枝が市販されています。多くのネコはマタタビのにおいを嗅ぐと、恍惚として酔っ払ったような状態になります。マタタビに含まれるマタタビラクトン、アクチニジンという成分がネコの脳を刺激するためと言われています。

キャットニップなどミント系のハーブもネコは大好きです。いずれも麻薬と違って常習性はありませんのでご安心を。

トラもライオンも皆大好き!

マタタビのにおいを嗅ぐと興奮して酔っ払ってしまうのは、飼い猫だけではありません。ライオンやトラなどの大型のネコでも同様の反応を起こします。人やイヌでは起こらない現象で、詳しくは未解明のままなのです。

与える分量は要確認

常習性がなく効果も長続きしないマタタビですが、与えすぎには注意が必要。過去に、一度に大量摂取したネコが、興奮のあまり呼吸困難を起こすケースがあったそうです。耳かき1杯程度の量からネコの様子を見ましょう。

MEMO

マタタビの実が売られていることもありますが、実をそのままネコに与えると誤飲の危険性もあるのでNG。

ときめくネココロ！ ネコがされて嬉しいのは

うちのコならではのトキメキを見つけたい

嬉しいポイントは飼い主の愛で見抜く

ネコに喜んでもらうには、何よりもまずネコの特性を理解すること。「ネコが喜ぶことをする」＝「嫌がることをしない」と言ってもいいでしょう。ネコの特性を知るためには、日頃のコミュニケーションが不可欠です。

どんなおもちゃが好きなのか、どこを撫でると落ち着くか、ネコの様子をよく観察してください。ネコによって好みは千差万別。いろいろ試していくうちに、ネコの気持ちが手に取るようにわかってきます。

ネコが喜ぶ一覧

● おもちゃで遊ぶ

お気に入りのおもちゃで遊んだり、丸めたレジ袋やリボンでじゃらしたり。形にはこだわらず、ネコの好奇心を刺激してあげましょう。

● 追いかけっこ

ネコが目の前で急にダッシュしたら、追いかけっこのお誘いです。すばやく追いかける→振り返って逃げる。この組み合わせがときめきのリズム。

● かくれんぼ

ネコが物陰でじっとこっちを見つめていたら「見つけてほしい！」のサインです。飼い主さんもカーテン裏などに隠れて、小さく名前を読んだりしてみて。

● マッサージ

肩やしっぽの付け根へのマッサージを喜ぶネコが多いよう。最初は軽く、様子を見ながら気持ちいいツボを探してあげましょう。

● ブラッシング

ブラシの横でゴロンとして「ブラッシングして」というネコもいるくらい。嫌がるようなら道具を変えて試してみては。

● 抱っこ／撫で

性格にもよりますが、飼い主さんの膝の上や腕の中が好きなネコは多いもの。顎《あご》の下や耳の付け根、鼻や目の周りのコチョコチョも人気。

ざわつくネコゴコロ！ ネコがされて嫌なのは

愛しているからこそ離れたほうがいいときも⁉

ストーカーは言語道断 愛情を押しつけないで

ネコ好きな人に限って、ネコに嫌われる例が多いのはなぜでしょう？ 理由は簡単。構いすぎるからです。ネコは基本的に単独行動。自由を愛し、気まぐれで、プライバシーを大切にします。いくらかわいいからといっても、人間的な愛情表現の押しつけは、ネコにとって迷惑でしかありません。

共に暮らすネコは大切な家族の一員ですが、あくまで人間とは違います。ありのままのネコらしさを尊重しましょう。

ネコが嫌がる一覧

● じっと見つめる

ネコの世界で相手の目をじっと見つめるのは宣戦布告。まさに「ガンつけ」です。目が合った場合は、ゆっくり瞬きすれば愛のサインに。

● 追いかける

ネコの行くところについて回るのは、鬱陶しがられるもと。ネコのほうから「来て」と誘われた場合以外は、ネコの移動は見て見ぬふりを。

● 隠れ場所を暴く

隠れながらも飼い主さんを見つめていたり、脚を出して動かしていたり。そういう場合以外は、隠れていたい気分なのでそっとしておいて。

● しつこく触られる

抱っこや撫でが好きなネコでも気分じゃないときは嫌。触られるのが嫌いなネコならなおさらです。特にしっぽや肉球は嫌がりポイント。

● 大声を出される

ネコは大きな声や音が嫌いです。歌を歌うと怒るネコや、くしゃみやせきを嫌がるネコも少なくありません。

● 急に大きな動作をされる

大好きな飼い主さんであっても、突然大きな動作をされるとびっくりしてストレスに。常に落ち着いた態度で接しましょう。

至福のブラッシング

病気の予防や早期発見にお役立ち

母猫の気持ちでやさしく
スキンシップ効果も

定期的なブラッシングは、お手入れのキホン。抜け毛や汚れを取り除き、病気の原因となる毛玉を防ぐだけでなく、マッサージ効果で血流がよくなり、健康促進にも役立ちます。

ブラッシングにはスキンシップという側面も。長毛種は毎日、短毛種でも週に1度はブラッシング・タイムをつくりましょう。母猫が舌で子猫の毛づくろいをするように、毛並みに沿って丁寧に。カラダに触れることで、皮膚病などの早期発見にもつながります。

毛づくろいだけじゃ足りない

ネコはしょっちゅう自分で毛づくろいをしていますが、それだけでは抜け毛を十分除去しきれません。自分で舐められない場所もありますし、特に長毛種や春、秋の毛の生え変わり時期は抜け毛も驚くほど多く、毛づくろいでネコの胃の中に毛がたまってしまうことも。

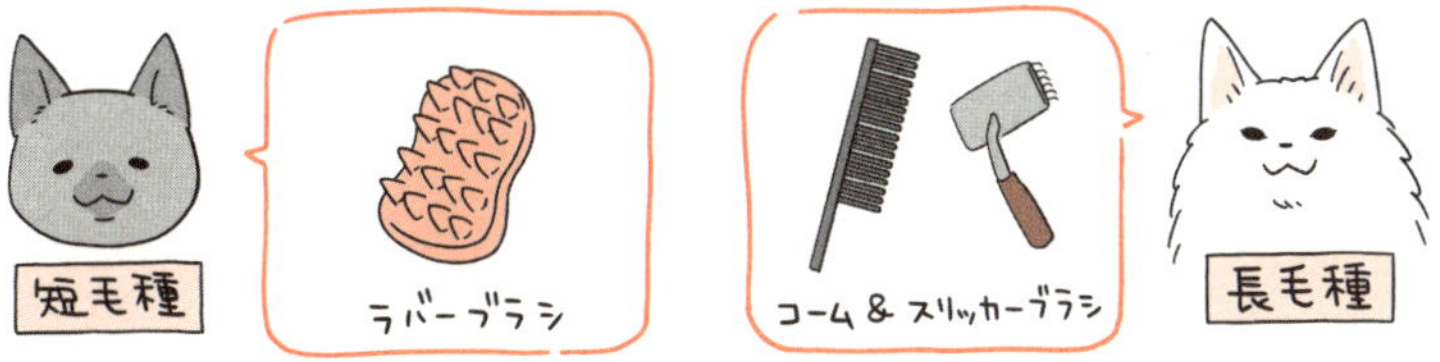

毛の長さに合った道具選び

ネコの毛の長さに合わせて適する道具も変わります。長毛種ならコームや、とかす部分が長めのスリッカー。短毛種ならラバーブラシを気に入るネコが多いようです。ブラッシングを嫌がるようなら道具を変えてみては。

こまめなブラッシングで健康に

抜け毛の毛玉を上手に吐き出せるネコもいれば、吐くのがあまりうまくないネコもいます。胃に毛がたまりすぎて具合が悪くなるケースもあるので、吐かない、吐しゃ物の中に毛が見当たらないというようなときは、特に念入りなブラッシングを。

MEMO

あまり嫌がるようならストレスが心配。無理強いせずに少しずつ慣らすこと。

長毛種のネコは月一のシャンプーを

基本的にはネコ自身でキレイに身じたく

すばやく洗ってすばやく乾かす 人もネコも慣れで解決

基本的に、ネコにシャンプーは必要ありません。しかし、長毛種は毛づくろいが全身に届かないので、月に1度のシャンプーを。

ネコの祖先であるリビアヤマネコは、砂漠に生息していました。そのためか、多くのネコはカラダが濡れるのを嫌います。問題なくシャンプーするには、子猫の頃から慣らしておく必要があります。また、人間とネコとでは皮膚のpH（水素イオン濃度）が違うので、ネコ専用のシャンプーを使ってください。

シャンプーの際に気をつけること

❶ 窓やドアはしっかり閉めて

慣れないネコはパニックになって大暴れすることも。なにかの拍子に開いてしまわないよう施錠を。

❷ 適温で気持ちよく

ネコは人よりも平熱が高い。飼い主さんにちょうどいい温度がネコにとってちょっとぬるめでいい感じ。

❸ ネコ用のシャンプーを

皮膚が敏感で、人間とはpHも違うネコ。飼い主さんのシャンプーではカラダに負担なので、ネコ用を使うこと。

❹ ネコのコンディション

ネコの体調は悪くないか、熱はないか、ネコ・飼い主さん共に爪は伸びていないかなどを事前に確認。

濡れるとぺったんこ

長毛種のネコは普段、実際よりもかなり大きく見えています。濡らしたときの大きさが、愛猫の本当のカラダの大きさです。

MEMO

短毛種は毛づくろいと飼い主さんの普段のブラッシングで清潔さを維持できます。カラダの汚れなどが気にならない限りは、無理にシャワーしなくても大丈夫です。

毎日の歯磨きで、健康な長寿猫へ

好きなネコはいないかも……でも大事なことだから

ビャアアアァ
わかる…
キモチわかる…

最低でも3日に1度 苦労はしても欠かせない

ネコには臼歯、犬歯、切歯の3種類、30本の永久歯があります。虫歯にはなりませんが、歯周病は増えているようです。大きな硬い肉や骨を噛むことで自然に歯磨き効果を得ている野生のネコと異なり、フード育ちの飼い猫は歯垢がたまりやすいのです。

老猫の間では特に歯磨きの重要性が高まっています。いきなり歯ブラシで磨くのは難しいので、湿らせたガーゼで拭くようにします。歯磨き用のウェットシートなどもあります。

無理せずやさしく丁寧に

ネコにとってはストレスになるケアのひとつ。少しずつ慣らしたいものです。歯ブラシはネコ用のものがベスト。人間の赤ちゃん用でも代用できます。ネコは口をゆすがないので、歯磨き粉を使う場合は飲み込んでも害のないネコ専用のものを。

犬歯と臼歯を念入りに

ネコを後ろから抱きかかえるようにして、少し上を向かせて口を開けさせます。切歯から少しずつ奥に進めるといいでしょう。一番汚れがたまりやすいのは上の臼歯。抵抗にめげず、しっかりケアを。立派な犬歯もよく磨いてあげましょう。

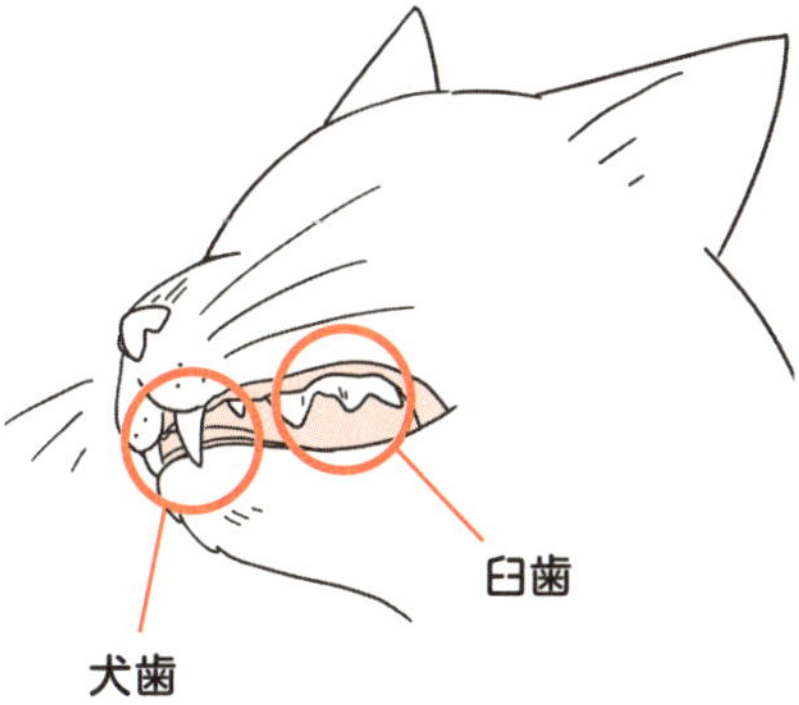

MEMO

パニックになったネコに噛まれないよう、歯磨きの間は気を抜かないで。顔を撫でてリラックスさせてからスタート。

爪切りのコツは無理せず手早く

といでいても爪は伸びる。定期的にチェックを

タイミングを見極めて無理をせずに少しずつ

鋭く尖った爪は、飼い主さんのカラダを傷つけたり家具をボロボロにしてしまう困りモノ。しかし、爪切りを嫌がって暴れたり、逃げ出したりするネコも少なくありません。

この難関を乗り越えるには、ひなたぼっこやうたた寝の隙を狙うこと！　ネコがボンヤリしているうちに手早く片づけてしまいます。嫌がるときには無理をせず、あと回しに。誤って血管を傷つけないためにも、落ち着いて気長に対処しましょう。

伸びすぎると面倒が

引っかかれてケガをしたり、家具やカーテンなどを傷つけるだけでなく、伸びた爪があちこちに引っかかって、ネコ自身が困るはめになることも。老猫になると、伸びすぎた爪が肉球に刺さってしまうケースもあります。

痛い深爪に注意

爪を光に透かすと赤い筋がはっきり見えます。それが血管なので傷つけると出血します。また、そこまでは神経が通っているので痛みも感じます。ギリギリではなく余裕を持って、それより先の部分を切りましょう。

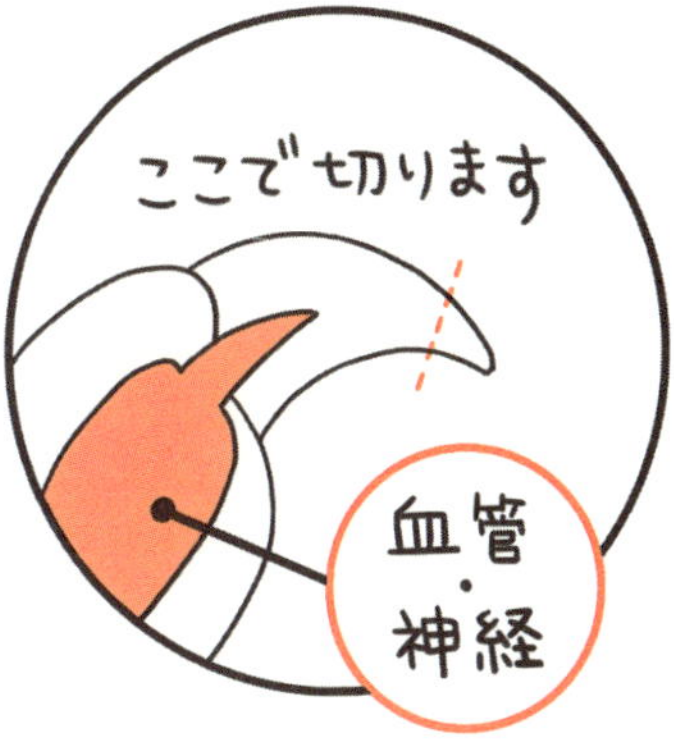

MEMO

飼い主さんがびくびくしているとネコにも伝わります。一度に全部切れなくてもいいので、さりげなく手際よく。

もみもみマッサージでリラックス効果

様子を見ながらツボを発見するのも楽しみ

こってますねー
お客さん

スキンシップにぴったり ネコも飼い主さんも幸せ

撫でられたり、ブラッシングされたりするのが好きなネコは、マッサージも大好き。肩こりなど無縁と思えるネコですが、よく動かす首回りや背中などは案外こっているようです。やさしく揉みほぐしてあげましょう。

ネコマッサージに決まった手順はありません。気持ちいいツボも、力加減もネコそれぞれ。うっとりと目を閉じていたら、うまくできている証拠。そのうちネコは自分からおねだりするようになりますよ。

第4章

暮らしの疑問とネコのケア

えっ
おじいちゃんが病気!?
トラ吉の
ごはん
お水
トイレ
ボー
うーん
すぐに帰省するのは
難しいかも……
実家は飛行機の距離だし
3泊は必要……
トラ吉はお留守番できるのかな
ふぁ～
ネコの
留守番は
1泊2日
まで!
う～ん
どうしよう…
ペットホテル……!
4日後
トラ吉～
おりこう
だったね
さみしかったね
おじいちゃん
元気に
なってた
よ～
ガッシ

今回はどうにかなったけど
もみもみ
トラ吉も大人になっておじいちゃんになって……
大人だぜ！
飯はまだかのう
病気にだってなるかもしれない
？
それに
私だってずっと独身とは限らないし！
素敵な夫
子どもたち
夢のマイホーム

飼い主として
いろいろ考えとかなきゃ!
わー
ぐっ
トラ吉のために
まず
できることは……
うーーん
これだ!!
普段からできる!
健康チェック
リスト
① 体温を
測ったり
38.1℃
ピッ
② カラダに
触れて
みたり
③
飲水量も
チェック
体重チェック…
重い
…あっ 私が太ったのか
よかった よかった
よくない
・呼吸数チェック
・心拍数チェック
・食欲チェック
・排泄物…
チェックすること
いろいろあるね

病院選びのポイントや
あそこだ!!
品種別のかかりやすい病気とか
ペルシャ→眼病
アビシニアン→肝臓病
スコティッシュフォールド→骨軟骨異形成症
覚えることたくさん…!
ZZZ
ゴロン
むにゃ
むにゃ
……
ぐーーぐーー
ずっと元気でそばにいようねトラ吉
ちゃむ
ちゃむ

ネコのお留守番は1泊2日まで

ネコの安全を第一に環境を整えてお出かけ

子猫や老猫は特に注意 心配があれば留守番は中止に

ネコはもともと単独生活なので、1匹で留守番をさせても大丈夫です。とはいえ、食事と水の劣化や不慮の事故、病気など万が一の場合を考慮すると1泊2日が限度。安全・快適・清潔な環境を整えてから出かけるのが前提です。特に、活発な子猫の場合は深刻な事故を引き起こす可能性も。2泊を超えるときには、ペットホテルに預ける、ペットシッターを依頼する、もしくは信頼できる友人に頼んで、様子を見に来てもらうのがベストです。

ペットホテル／動物病院を利用

ペットホテルは事前に足を運び、スタッフと直接会話しながら設備や様子を確かめて決めたいもの。行きつけの動物病院が預かってくれるなら、より安心です。ネコによっては慣れない場所で、ほかの動物の気配を感じながら過ごすことが強いストレスになる場合もあるので慎重に。

家族／知人にお願いする

信頼できる相手に世話を頼むのもいいでしょう。自宅に来てもらうか、相手の家にネコを連れて行くかですが、できれば自宅で世話してもらえると、ネコにとっては不安のタネが減ります。できれば、あらかじめ相手とネコを会わせておきましょう。

ペットシッターを頼む

ペットシッターさんは、自宅に来てペットの世話をしてくれるので、ネコにとって負担が少ない方法。一般的には、ホテルよりリーズナブルです。プロとして仕事をしている人なので安心ですが、事前に必ず自宅で打ち合わせをしてもらいましょう。

MEMO

留守番のときにはドライフードと水を多めに何カ所かに置き、トイレもできれば複数用意したいもの。

ケージは広さより高さが大事

中で上下運動ができると嬉しい

短時間の留守番や やんちゃすぎる子に

子猫のいたずら防止や、人が頻繁に出入りする場所で一時的にネコを過ごさせるときにケージが役立ちます。爪が引っかかりにくいスチール製かプラスチック製で、できるだけ広く、高さのあるものを選びましょう。ネコは上下運動を好むので、2〜3段の高さがあってステップのついたタイプがオススメです。

ネコが自ら進んで入っている場合はいいのですが、あまり長時間入れっぱなしだと、ストレスで体調を崩すことがあります。

ケージのメリット

目を離さなければならないときに、いたずらや事故の防止策となるのがケージ。運動会や早朝起こしを予防するため、夜だけケージに入れるという飼い主さんも。ネコの安全、人の安心のために、うまく活用しましょう。

ケージ飼いの注意

落ち着かなければ上から布などをかぶせてみて。お気に入りの布を入れるのはいいですが、誤飲のおそれのある小物はNG。水とトイレは当然ですが、長時間ならフードも中へ。ただし、飼い主さんがいるのに閉じ込めっぱなしはかわいそうです。

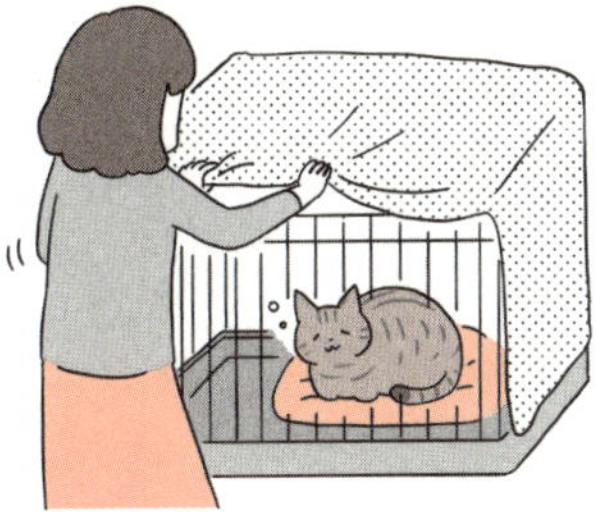

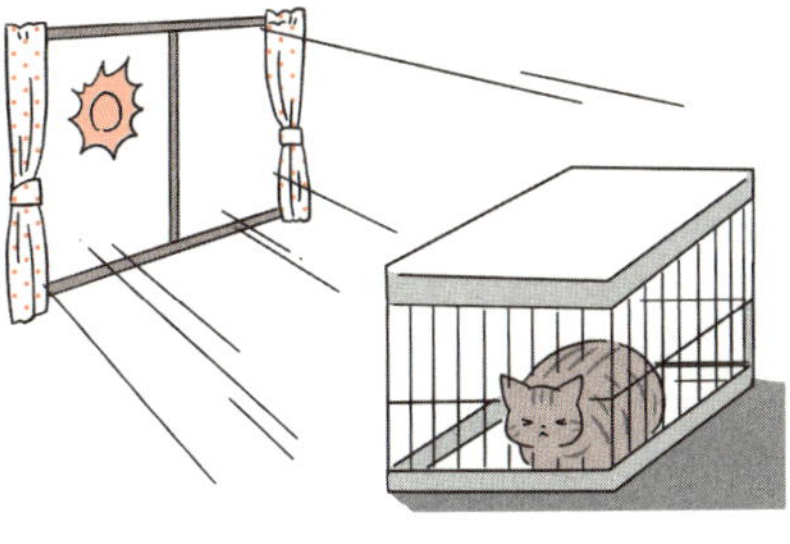

ケージの置き場

日光やエアコンの風が直接当たりっぱなしだったり、まぶしかったりする場所、人の動線上は避けて。部屋の隅の落ち着いた場所に、ひっそり置かれている状態がネコには心地よいはずです。

MEMO

水やごはんは、できるだけトイレから離れた場所に。仲のいいネコ同士以外は、１匹にひとつのケージを用意して。

多頭飼いはネコ同士の相性が大事

仲よく多頭飼いができれば愛らしいシーンがいっぱい

性格やタイミングも影響 焦らずさりげなくがコツ

本来は単独行動を好むネコですが、組み合わせによっては多頭飼いも可能です。最も相性がいいのは母子、兄弟姉妹、子猫と子猫。反対に、縄張り意識の強い雄同士、おとなしい老猫とやんちゃな子猫の組み合わせは、うまくいかないことが多いようです。

新たにネコを迎えた場合、新しい子に目が行きがちなので気をつけて。先住猫を優先的に見てあげましょう。ネコそれぞれのプライバシーを尊重することも大切です。

先住猫に配慮する

先住猫にとって、新入り猫は縄張りをおかして入ってきたよそ者。ごはんや遊び相手は、先に暮らす権利を持っていたネコからがキホンです。ときには新入りの気配を感じないところで、ゆっくりスキンシップを。

顔合わせは慎重に

ネコたちは互いに警戒し合っています。急いで引き合わせず、互いのにおいや気配に慣れさせたほうがいい場合も。新入り猫のケージに布をかけたまま部屋の隅に置いたり、別の部屋でしばらく暮らさせるという手も。

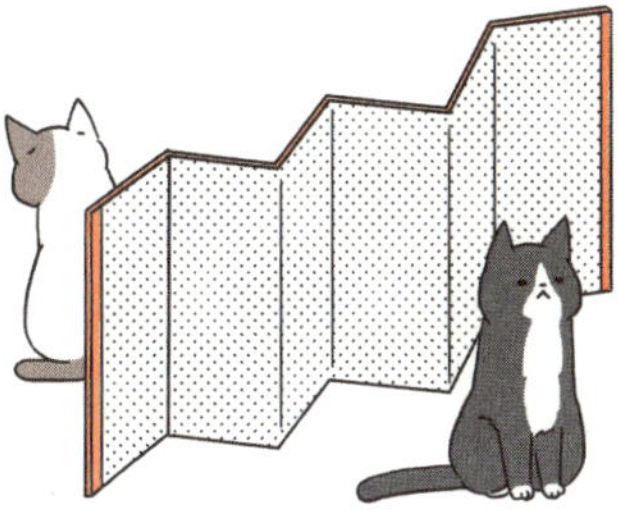

相性が悪い場合は

顔を合わせると威嚇したり、どうしても仲よくしないという場合も、どちらかが襲いかかったり、激しいケンカが続いたりするわけでなければ大丈夫。互いにやり過ごしながら暮らせればOK。部屋を分ける方法も。

MEMO

どうしてもうまくいかない場合も考えて、新入り猫と暮らし始める前に、先住猫との相性を確認できるのが理想。

キャリーケースは上開きを

何かと必要になるのでネコも人も慣れておきたい

居心地のいいケースでストレスを軽減

キャリーケースは、動物病院に連れて行くときなど外出時の必須道具です。オススメはプラスチック製の上開きタイプ。ネコの爪が引っかからず、出し入れがしやすいからです。

ネコは本来ケースのような狭いところが大好きなはずですが、キャリーケース→病院→注射といった恐怖体験から、拒絶反応を示すこともよくあります。普段からキャリーケースをベッドのように利用させて、慣れさせるのもひとつの手です。

タイプはいろいろ

手提げやショルダーバッグ、リュックのタイプなどいろいろなタイプがあります。飼い主さんの顔に近いほうが安心するネコもいます。使うシチュエーション（車か手持ち移動か）を考えて選びましょう。飛び出し防護策がしっかりできているか要チェック。

キャリーケースを好きにさせる

普段から部屋に置いて、遊び場や隠れ家のように使っていると、キャリーケースに閉じ込められることへの抵抗が少なくなります。落ち着ける場所に置き、お気に入りの布などで「居心地いい箱」のイメージを与えましょう。

洗濯ネットが大活躍

万が一にも飛び出す心配や、中で大暴れしてケガや体力消耗の心配がある場合は、洗濯ネットに入れてファスナーを閉めると安心。ほとんどのネコは洗濯ネット好きです。病院で暴れる場合は、そのまま治療台まで運べます。

MEMO

車に乗せる場合、ネコが動き回ると危険。車の中でもキャリーバッグから出さないように。

引っ越しのときはペットホテルがオススメ

ネコのストレスを最小限に抑えられるよう計画的に

引っ越し前も引っ越し後も様子を見守り心身ケアを

環境の急激な変化が苦手なネコにとって、引っ越しは大きなストレスです。どうしても人の出入りが激しくなる引っ越し当日は要注意。荷物や家具の運び出しでドアが開けっぱなしになるため、引っ越し業者に驚いたネコが脱走する可能性も考えられます。

作業中はキャリーケースに入れておくのが手軽ですが、ペットホテルに預けるという手も。ネコのすぐそばで慌ただしくするよりは、ストレスが少なくていいかもしれません。

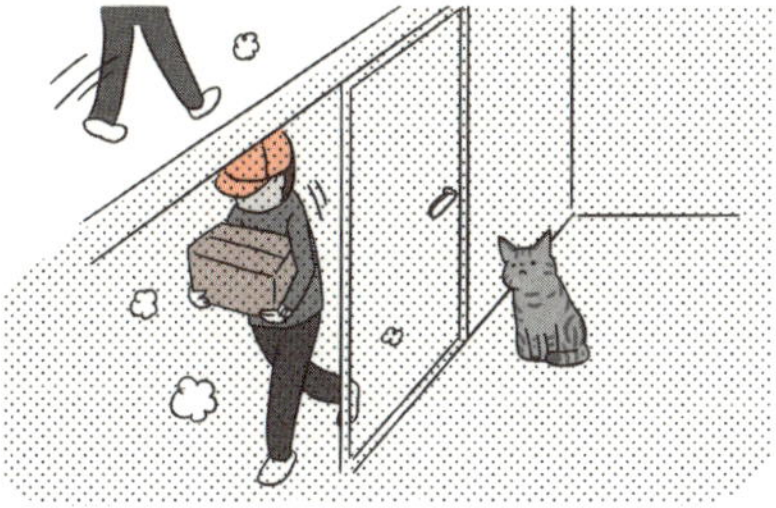

預けられない場合は

先にひと部屋片づけて、知らない人が入らないネコ部屋にできるとベター。キャリーバッグに入れて、トイレやバスルームに置く手も。何が起きているか心配しているので、ときおり飼い主さんが顔を見せ、声をかけてあげましょう。

ネコの移動は

引っ越し先への移動は車がベストです。自家用車がない場合は、レンタカーを手配して、飼い主さんとネコは一緒に移動したいもの。電車やバスの場合は別途運賃（手回り荷物代）が必要になります。長時間になる場合は、ネコの様子を見ながら余裕を持って移動を。

新居では

積まれた荷物を倒したりすると危ないので、ある程度部屋が片づき、ネコの居場所（ベッドなど）を確保してから自由にさせます。引っ越し直後は、特に脱走に注意。また、引っ越し先の動物病院もしっかり調べて、できれば下見をしておきましょう。

MEMO

飼い主さんもバタバタして忙しい引っ越し時。常にネコに注意を払うことを忘れずに。

飼い主の不摂生はネコにも悪影響

心身の健康は正しい生活サイクルから

不規則な生活は病気やストレスのもと

飼い猫の主な活動時間は明け方と夕方です。これは、獲物となるネズミが巣穴から出てくる時間だと言われています。ネコには日照時間を感知する能力があり、明るさの変化によって1日の生活リズムを整えています。

ところが、飼い主さんが不規則な生活を送っていると、食事の時間や睡眠の時間など、ネコ本来の生活リズムが乱れ、病気のリスクが高まります。お互いの健康のためにも、日々の生活を見直しましょう。

実は規則正しい

寝てばかりいて、好きな時間にちょこっと起きているように見えるかもしれませんが、ネコはほかの動物と同様、規則正しい生活を送る動物。人間とはサイクルが違うので、飼い主さんのペースに巻き込まないよう、いつでも静かに落ち着ける場所を用意して。

汚れ部屋には危険がいっぱい

人間の食べ物が出しっぱなしになっていると、知らないうちにネコがカラダに悪いものを口にしてしまうかも。小物やゴミも、誤飲誤食やケガの原因になったりします。部屋は整理整頓して、飼い主さんもネコも快適に暮らしましょう。

つけっぱなしはストレスに

電気のつけっぱなし、テレビのつけっぱなしなどは、光や音がネコにとってストレスに。1日の半分以上は、騒々しくない落ち着ける空間で過ごせるよう配慮してあげて。特に夜は、自然の状態に合わせて暗く静かな状態で過ごせるように。

MEMO

食事、睡眠、排泄など、愛猫の大体のサイクルを把握しておきたいですね。

季節別の注意事項

自然に近い環境づくりで四季を感じさせて

人とは快適温度が違う？ 快適温度を選べる環境を

ネコは、寒さと湿度に弱い傾向があります。品種によって違いはありますが、ネコに快適な温度は20～28℃、湿度は50～60％です。部屋の中に寒暖差のある場所をつくり、ネコが自由に体温調節できるようにしましょう。

春と秋は換毛期で抜け毛が増えるので、こまめなブラッシングが必要。また、暑くても寒くても1日数回は空気を入れ替え、できるだけ自然に近い環境をつくってあげると、ストレスの解消にもなります。

春

冬毛が抜ける時期は、大量の毛が抜け落ちます。いつもよりまめなブラッシングを。ノミやダニがつきやすい季節でもあるので、部屋は清潔を心がけ、ブラッシングのときに気をつけて見てあげましょう。

発情の季節でもあるので、脱出に気をつけて。発情期のネコは、本能の力で普段よりパワーアップしています。

夏

ネコは比較的暑さに強い動物ですが、湿気は苦手です。蒸す日は除湿器をつけるなどして対策を。冷房が効きすぎた部屋も大敵です。できれば窓を細く開けてストッパーをつけるなど、外気を通す工夫があるといいです。また、ウェットフードを出しっぱなしにすると特に腐りやすいので注意。

秋

人間と同じで夏バテが出やすい時期なので、注意して見守りを。気温の上下が激しいので、ネコの行動範囲に温かい場所と涼しい場所を用意しましょう。

涼しくなると食欲が旺盛になるネコも。本能によるものですが、飼い猫の場合は太りすぎに注意です。

冬

寒さはネコの大敵。毛布などに潜れる環境が必要です。とはいえ、暖房の効きすぎで脱水症状などの不調を起こすネコも。暖房の影響のない場所にも行き来できるようにしてあげましょう。

寒さを嫌ってトイレの頻度が落ちるネコもいます。様子を見て、必要ならトイレの場所の見直しも。また、運動不足にならないよう遊んであげてください。

ネコの妊娠は計画的に

産む？ 産まない？ 決めるのは飼い主さん

半年以内に計画を決めたい 産ませないなら手術を

ネコは妊娠率が非常に高いので、飼い主さんに繁殖させる意思がないなら、去勢・避妊手術を受けさせましょう。手術は通常、生後半年〜1年ぐらいで行われ、手術を受けたネコはスプレー行動が減り、太りやすくなります。獣医師と相談し、手術の利点と欠点を納得したうえで決断してください。

出産を希望する場合は、知り合いのネコとお見合いさせるか、ブリーダーに相談を。ブリーダーに頼む場合は、交配料が発生します。

決定権は雌にある

雌が発情することによって、近くにいる雄も発情するのがネコ。妊娠(交尾)の決定権は雌にあります。日照時間が長くなると発情が促され、短くなると発情しなくなるため、春や、日が長くなる夏場にも発情するネコが多いようです。

異父兄弟を一緒に出産？

雌ネコは、一度の発情期に何匹もの雄ネコと交尾をすることがあります。複数の卵子を一度に排卵する多胎型のため、複数の雄の子どもを一緒に妊娠し、同時に出産できます。ネコのほかにはウサギなどが、多胎型の動物に挙げられます。

万が一の望まぬ妊娠には

産まれてきた子を飼えないという場合、早めに（産まれる前から）引き取り手探しを。自分で直接もらい手を探せない場合、里親探しの団体などに、正式な手続きを踏んで頼みましょう。そして出産後はすみやかに避妊手術をすませましょう。

MEMO

ネコの一生と飼い主さんの事情を考えて、ライフプランは早めに設計しておきましょう。

ネコの出産と子育て

愛らしすぎる子猫と過ごす特別な時間

母猫の安心と快適が出産、子育てに不可欠

ネコの妊娠期間は約9週間。一度の出産で平均3〜6匹の子猫が生まれます。その間、飼い主の役割は母猫の体調管理と安心できる出産環境の準備です。出産そのものを人間が手助けする必要は、まずありません。

子猫は生後6週目までに、ネコとして生きていくのに必要な技術を母猫から学びます。飼い主さんは、成長に応じて適切な子猫用フードを与える、迷子や事故の防止策を講じるなど、健全な子育てのサポートを。

❶ 発情

発情した雌ネコは、甘えたり大声を出したりします。発情期を選ぶのも、父猫を選ぶのも雌です。

❷ 妊娠期（約9週間）

初期にはあまり違いが見られないので、妊娠に気づくのが遅くなるケースも。少しずつお腹がふっくらして乳首も目立つようになります。食欲も睡眠欲も旺盛に。

出産が近くなったら出産、育児用の落ち着ける空間（ベッドや箱など）を用意します。

❸ 出産／授乳

基本的に自力で出産します。授乳をし、お尻を舐めて排泄を促し……母猫は大忙し。母猫が甘えたり、何かを訴えるようにしてこない限り、飼い主さんはあまり手出しをしないで見守りましょう。

❹ 育児

母猫は、やんちゃ盛りの子猫たちに授乳をしながら、遊びや食事の仕方を教えます。子猫たちが自由に歩き回るようになったら、飼い主さんも一緒に遊んで大丈夫。

❺ 自立

引き取り手がいる場合も、2カ月程度は母猫と一緒に過ごさせること。免疫や社会性が築かれます。母猫と一緒にいると、いつまでも甘える子猫が少なくありません。中には、成長した我が子を追い払う母猫もいます。一般的に、生後6カ月程度で一人前になります。

こちら、同じ会社のマツザキくん
今度の彼はなかなかイケメンね

人間の家族が増えるときには

焦らず少しずつ家族になっていく

愛情をたっぷり示し様子の変化を見守って

飼い主さんの家族に急な変化があると、ネコは敏感に察知します。その不安からストレスが高じて、暴れたり引きこもったりすることも。結婚などで家族が増えることが決まったら、前もってネコに〝ご挨拶〟を。焦ることなく少しずつ距離を縮めましょう。

人間の赤ちゃんが生まれることも、ネコにはストレスになり得ます。警戒して赤ちゃんを攻撃したら大変です。ネコと触れ合う時間をつくり、安心させてあげてください。

ネコとの関係を変えないで

新しい家族に気持ちがいきがちになって、ネコとの触れ合いが減ったりしないように気をつけて。帰宅時や起床時は、まずネコに声をかけてスキンシップを。生活サイクルが急変したと感じさせないように。

適度な距離が距離を縮める

新しい家族が早くネコと仲よくなりたいからといって、無理やり触れ合おうとしないこと。自分からグイグイいかずに、最初は無視するくらいでもOK。適度な距離を取って、ネコのほうから寄ってくるのを待ちましょう。

こっそり嫉妬することも

表立っては見せないものの、ネコはこっそり家族の様子をうかがっています。甘えんぼうのネコなら、ひそかにやきもちをやくことも。ネコが家族の変化に慣れるまで、人間同士がはしゃぎすぎたりしないように。

MEMO

できるだけ今までの環境と変わらずに暮らし続ける中で、自然に仲よくなれるといいですね。

人間の子どもとネコの幸せな関係

子どもとネコ、両方の安全と幸福を守る

子どもの愛情は重すぎる？　大人の見守りが欠かせない

今も昔も人間の子どもはネコの「天敵」。ネコの気分にお構いなく触ろうとしたり、前脚を引っ張って持ち上げたり、力いっぱい抱きしめたり。子ども側はかわいがっているつもりでも、ネコにとっては迷惑な話です。

一方、ネコに近づきすぎるのは子どもにとっても危険。嫌がるネコにしつこく触って引っかかれたり、噛みつかれたりする心配もあります。大人は子どもに正しい知識を伝え、ネコと子どもとの心地いい関係をサポートしたいものです。

「妊婦にネコは危険」の噂

根強く残る噂の原因は、トキソプラズマという寄生虫。ネコにはほとんど影響がなくても、まれに人間の胎児に影響をもたらす場合があります。感染率は高くないので心配しないで。トイレを清潔に保ち、トイレ掃除のあとは消毒することなどで感染は防げます。

ネコと赤ちゃん、両方を守る

基本的に、ネコが小さな子どもを襲うようなことはありません。ただし、突然大声を出されたり、いきなりカラダをつかまれたりすると、びっくりして身を守るために爪や歯を立てることも。同じスペースにネコと子どもだけを置いて目を離すことがないように。

動物と暮らすことの意義

動物と暮らすことで、情緒豊かでやさしい人間になると言われています。言葉を話さない相手の行動から気持ちをくみ取ったり、小さくても精一杯生きる姿から感じること、人よりもずっと優れた能力への尊敬など、純粋な子どもはいろいろなことを感じ取るはず。

MEMO

愛猫は子どもの兄弟であり、師匠であり、最初の友達になれる存在です。

ライフステージ別 ネコの変化

ネコと過ごす時間はあっという間。後悔のない付き合いを

ネコの状況に合わせた適切ケアでもっと長生き

ネコの成長スピードは人間より速く、ネコの1年は、人間の約4年に相当します。活発な若い頃はケガや事故に注意。中年期から徐々に運動能力が落ち、病気のリスクも増えてきます。11歳以降は「シニア用」のフードに変えるなど、健康管理を心がけましょう。

フードの品質向上や動物医療の進歩によって、飼い猫の平均寿命は延びています。全く外に出ない室内飼いなら約15歳。最近では20年近く生きるネコもいます。

人間だったら今いくつ？

人間の年齢に当てはめた場合、一説には最初の2年で20歳分、その後、1年に4歳程度歳を取ると言われます。

今すぐ確認！ 病気を疑うチェックリスト

ネコの変化には理由があります。当てはまったら病院へ

ネコを助けられるのは飼い主さんしかいません

ネコは、カラダの不調を隠したがる動物です。そのため、ネコ自身になんらかの変化が現れたときには、病状がかなり進行していることも。高齢のネコは腎臓やホルモンの病気にかかりやすくなりますが、これらの病気は早期の発見と治療により病気の進行を遅めたり、完治できる可能性が望めます。

普段とは違う様子をネコが見せているのであれば、それは要注意。チェックリストで確認して、一度病院へ行きましょう。

病気の兆しチェックリスト

※リストに記載されているものはあくまでも代表的な例になります。
このような症状が出た場合は、自己判断せずに動物病院を受診しましょう。

冷たい場所へ行く。	体調を崩し体温が下がっている疑い。
1日以上元気がない。	何か大きな病気の可能性もあるため、続くようであれば病院へ。
視線が合わない。	網膜出血などで失明している疑い。脳の病気の場合も。
周囲に無関心。	強い痛みを感じていたり、病気の末期症状である疑い。脳の病気の場合も。
呼吸が浅い・口呼吸。	肺、心臓の病気や、甲状腺機能亢進症の疑い。胸水が溜まっている可能性も。
震えがある。	てんかんや脳の病気。重度の腎臓病や肝臓病、低血糖で起こる場合も。
白目が黄色い。	肝臓病による黄疸の疑い。
口を痛がる・口臭がある。	歯石や歯周病、口内炎の疑い。悪性腫瘍の扁平上皮がんという場合も。
頻繁に嘔吐する。	すい炎や甲状腺機能亢進症の場合が多く、胃腸に腫瘍が出来ている可能性も。
お腹が膨れている。	腹水が溜まっている疑い。がんにより内蔵が腫れている場合も。
ごはんを食べない。	何か大きな病気の可能性もあるため、続くようなら病院へ。
水を飲みすぎる。	腎臓病や糖尿病、甲状腺機能亢進症などの疑い。
尿の回数が多い。	膀胱炎や尿道結石の疑い。

普段からできる健康チェック

年2回の健康診断が長生きのコツ

スキンシップで早期発見を

不調のサインに気づくには、普段からのスキンシップで細かい変化に気づける習慣づくりが大切です。特に重要になるのが、体温、体重、心拍と呼吸数。これらは普段から意識的にチェックすることで、変化が数字として確認できるようになります。

また若いうちは年に1度、10歳以降は年に2度の健康診断を受けましょう。健康診断には2つの大きなメリットがあり、ひとつが病気の早期発見、もうひとつが健康時の数値を知ることができるという点です。

お家でできる健康チェック例

体温

耳で測定できるペット用体温計がベスト。自宅での平熱は37.5～39度が正常値です。

体重

飼い主さんがネコを抱っこして体重計に乗り、その後飼い主さんの体重を引くことで、大体の重さが出ます。前触れなく体重の増減があったときは要注意。

呼吸数

ネコが落ち着いているときの胸の上下で測定します。1分間の呼吸数が基準になるので、15秒測り4倍しましょう。健康の目安は1分間で24～42回。

心拍数

ネコの胸の下に手を当てて鼓動を測ります。15秒間の心拍数を4倍にして測定。1分当たり120～180が健康の目安になります。

排泄物のチェック

便は下痢・便秘かどうかに加えて、においや色も確認を。尿も同様に色・におい・回数・量が重要です。尿・便は1日1回前後が正常です。

食欲・飲水量

食事の際の摂取量・食欲のムラに注意します。食欲・飲水量共に、量が突然増えるようなら病院で診察を。

スキンシップ

ネコのカラダに触れたときに痛がっていないか、カラダにしこりがないか、極端な脱毛がないかなどを、日頃のスキンシップで確認しましょう。

老猫の25%がかかる腎臓病

なりやすいからこそ、飼い主のケアが何よりも大事です

まだまだ
若いもんには負けん

正しい知識を持って予防と経過観察を

老猫の死因として最も多いのが「腎臓病」です。ネコは進化の過程で尿量を制限する機能を身につけましたが、高濃度の尿を生成することは、腎臓への負荷が非常に高いのです。またカラダに対して腎臓が小さいため、ネコは遺伝的・構造的に腎臓病を患いやすいと言えるでしょう。尿の量と飲水量が増える「多飲多尿」が腎臓病の初期症状として挙げられますが、気づきにくい症状なので、こまめな検診が大切です。

好みの水を用意してあげる

腎臓病の治療をするうえで、自宅で最も気をつけなければいけないのが、ネコの脱水症状です。ネコごとにも好みの水があり、ぬるま湯・冷たい水、かつおぶしの味がついた水など、ネコが飲めることを再優先に考えた水を用意してあげましょう。

塩分の多いものは絶対NG

人間の味覚からしたらほんの少しの塩加減でも、ネコにとっては大きな割合の塩分になります。ネコにあげるなら味のついてない刺し身や蒸し鶏なら大丈夫ですが、味つきのものはNG。ツナ缶なども意外に塩分が多いものも。

なぜ腎臓病にかかりやすい？

腎臓とはカラダの中の老廃物を尿として外に排出する器官です。老廃物を排出するには腎臓の「ネフロン」という構造物が必要なのですが、ネコは腎臓の大きさに対してネフロンの数が少ないため、腎臓病にかかりやすくなるのです。

MEMO

腎臓の機能が下がる病気を総称して腎臓病といいます。血液検査やレントゲン、尿検査を受けて具体的な病名の理解に努めましょう。

老猫の夜鳴きは病気のサイン

弱ったネコの訴えを、見逃していませんか

夜鳴きの特徴を理解して怪しいならすぐ病院へ

13歳を超えた老猫が夜鳴きを始めたら、脳腫瘍や高血圧、認知症などの病気を患っている可能性が。特徴としては、一定のリズムで吠えるような大きい鳴き声を上げる、一点を凝視しながら鳴く、発情期よりも低い鳴き声を出す、目的がないなどが挙げられます。

若いネコもまれに夜鳴きをすることがありますが、遊んでほしいといった要求が大半。老猫の夜鳴きが続くなら、早めに動物病院で受診し、原因を突き止めることが大切です。

ネコはキホン、無駄に鳴かない

ネコはガマン強い性格なため、ほかの動物に比べてもなかなか鳴き声で主張することが多くありません。もしネコが飼い主さんに向かって鳴くことがあるなら、何か希望や要求があるときです。お腹がすいた、トイレを掃除してなどネコが鳴く原因を考えてあげましょう。

ネコは夜も元気

夜鳴きは老猫に多く、若いネコはあまり夜に鳴くことはありません。若いネコが夜鳴きをする場合、それは甘えていたり、夜に元気が有り余って遊びたいとき。鳴かないよう叱っても無駄なので、要求を満たしてあげる努力を。

老猫が鳴いて訴える病気の候補

- 甲状腺機能亢進症
- 高血圧
- 脳腫瘍
- 認知症

など

MEMO

ネコの夜鳴きで診断を受ける場合、頻度や夜鳴きの様子などをメモしておくことで正確な診断が望めます。

大丈夫？ ネコの肥満度チェック

ネコは本来くびれのあるスマート体型

ネコは
ちょいデブのほうが
かわいいもん

肋骨の確認がポイント 病気が原因の可能性も

太りすぎは糖尿病や尿石症といった病気を招きやすいので、愛猫の肥満度チェックをしっかりしてあげましょう。

カラダを触っても脂肪で肋骨が確認できず、横から見たときにお腹が垂れ下がっていたら、肥満のサイン。目分量で食事を与えず、栄養バランスの取れたフードを選ぶようにしましょう。また子猫、成猫、老猫とライフステージによっても必要な栄養素や量が異なるので、獣医師に相談するのも◎。

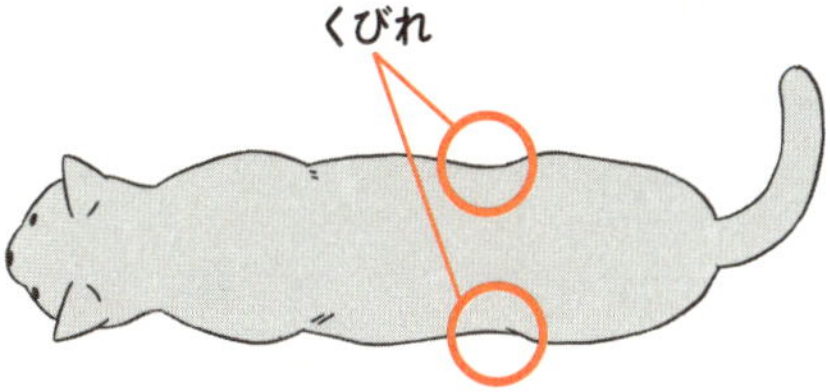

目指せ！　理想体型

上から見ると肋骨の後ろにくびれがあり、触ると肋骨が確認できる状態。見ただけで肋骨くっきりは痩せすぎです。肋骨があいまいだったり、くびれがなく、お腹がたるんでいたりしたら太りすぎのサイン。お腹だけ膨らんで見える場合は妊娠や病気の場合もあります。

百害あって一利なし

肥満が様々な病気の原因になるのは人間と同じ。生後１年以上のネコが、１年に１キロ以上太ったら要注意です。逆に急に体重が落ちたり、食欲があるのに痩せていったりする場合も健康的ではありません。食べる量というよりは与える量を管理しましょう。

肥満が引き起こすおそれのある主な病気

尿結石

水を飲まない、トイレの頻度が低い、太りすぎが尿結石の主な原因と言われます。

皮膚炎

自分で毛づくろいできない場所が増えることで不潔になったり皮膚炎を起こしたり。

糖尿病

インスリンに対する抵抗性が上昇することで血糖値が上がってしまうことも。

関節炎

人間同様、過剰な体重を支え続けることにより、関節への負担が大きくなります。

ダイエットは飼い主との共同作業

焦らず少しずつ適正体重を目指して

ネコの抗議に負けず食事を徹底コントロール

前ページの肥満度チェックで太りすぎだった場合、早めのダイエットを。家猫は運動量を劇的に増やすことは難しいので、食事のコントロールが減量のキホンとなります。

まずフードの適正量を量り、規則正しい時間に与えましょう。その際、必要な栄養素が損なわれることのないようにダイエット用フードをチョイスしてください。多頭飼いの場合はお皿を分け、食べ残しがあってもすぐに片づけてダラダラ食いを予防しましょう。

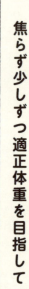

最善策は予防

太ってしまったネコを痩せさせるためには、ネコにも人間にも大変な忍耐が必要。ダイエットの必要性がわからないネコにとっては、食事やおやつを減らされたり、好みではないフードを強制されるのはストレスです。とにかく予防、または早めの対策を。

鉄の意志を貫く

野生動物にとって飢えは恐怖。一般的に動物は、本能的にカロリーの高いものが好きです。ダイエットフードは食べないというネコも少なくありません。飼い猫が24時間を超えてごはんを食べない場合は、別のメーカーのフードに変えてみるなどの工夫を。

ネコの抗議に対抗するには

「このフードじゃ嫌」「もっとごはんをちょうだい!」そんなネコの激しいアピールが止まらないと、飼い主さんにも負担になります。根負けするくらいなら、一度外出するというのもひとつの手。それを繰り返していれば、ネコもあきらめるはずです。

MEMO

肥満は飼い猫特有の症状。
飼い主さんの責任において防止しましょう。

問題行動が減る、ネコの去勢手術

メリット多め　デメリットは太りやすくなること

決定には多面的判断を実行は計画的に

雄ネコの尿スプレーや縄張り争いは、去勢によって減らすことができます。生後半年以上で体重が2.5kgを超えれば手術可能で、費用は1~3万円程度が目安。多くの場合、手術当日に帰ることができます。

術後は性格が穏やかになる傾向がありますが、一方で太りやすくなるので注意しましょう。また雄ネコは3歳頃になるとしっかりと顔の骨格ができるので、これ以降に手術をすると横長顔の雄らしい顔立ちが残ります。

入院なしでできる去勢手術

去勢手術は通常、日帰りで行えます。予約時に手術前後の注意があるので、必ず守ること。前日から絶食することが多いので、多頭飼いの場合は特に気をつけて。簡単な手術とはいえ、ネコの心身には大きな負担。手術前後はネコの様子に十分注意してあげましょう。

早めがオススメ

去勢手術は生後４ヵ月を過ぎれば、ネコの体力と体調次第で行えます。ネコは一度マーキングを経験してしまうと、去勢手術後もその習慣が残ってしまうことがあるため、手術を決めている場合は早めがオススメです。

去勢のメリット

ストレスの軽減

性的な欲求不満はストレスのもと。ただしカロリー消費量も減るので太りがちにも。

問題行動の減少

マーキング、発情期の叫び声、ネコ同士のケンカなどが抑えられる傾向に。

病気の予防

精巣や前立腺の病気のリスクが減ります。

長寿化

病気や脱走のリスク、ストレスの軽減などから結果的に長生きに。

妊娠率100%？ ネコの避妊手術

妊娠を望まない場合は飼い主さんの責任と心得て

妊娠も避妊手術も計画的に 手術後は肥満に注意

雌ネコが避妊手術をすると卵巣、子宮の病気や乳腺腫瘍のリスクを減らすことができ、発情期のアピール行動もなくなります。費用は2～5万円程度で、数日の入院が必要です。

雄の去勢と同じく、術後は精神的に安定し長寿の傾向もありますが、太りやすくなる点に注意を。ネコは人間と異なり交尾後に排卵が起こるため、妊娠率はほぼ100％。一度の妊娠で3～6匹の子猫を産むので、計画性が重要です。

発情すると……

普段は出さない特別な大声を出したり、床に転がってカラダをくねくねさせたり、しつこく甘えたり。個体差はあるものの、初めてその様子を見た飼い主さんが驚くほど、変わった行動を取ります。普段は外に興味を示さないネコが脱走したがることも。

1～2日程度の入院で

開腹手術なので入院が必要になります。予約時に聞いた、術前術後の獣医師からの注意を厳守すること。手術はネコにとって心身共に大きな負担となるので、術後しばらくはネコの様子を注意して見てあげてください。食事にも配慮が必要です。

避妊のメリット

ストレスの軽減

性的な欲求不満はストレスのもと。ただしカロリー消費量も減るので太りがちにも。

望まない妊娠を確実に防止

1年間に殺処分されるネコは約8万匹にものぼります（平成26年度）。不幸なネコの減少に欠かせません。

病気の予防

乳がんリスクの減少、子宮まで摘出する手術なら子宮の病気の予防に。

長寿化

病気や脱走のリスク、ストレスの軽減などから結果的に長生きに。

動物病院選びのポイント

最後はネコと飼い主さん、そして獣医師さんの相性次第

ネコに合った病院選びが何よりも重要です

かかりつけのお医者さんを持つことは、愛猫の健康と飼い主の安心につながります。院内の清潔さ、料金が明瞭かどうか、ネコと主治医の相性などを見ながら動物病院を選んでみてください。また、ネコにやさしい病院の国際基準規格「キャット・フレンドリー・クリニック」に認定されているかどうかも判断基準になります。受診の際はキャリーからネコを出さないようにし、飼い主・ネコともどもほかの動物と接触しないようにしましょう。

今すぐ使える！

病院選びのポイントシート

□ 通院しやすい場所にある・往診が可能な距離

□ 待合室・診察室が清潔に保たれている

□ 飼い主の疑問に丁寧に答えてくれる

□ 事前に治療や検査にかかる費用を教えてくれる

□ ネコの知識が豊富で、扱いが丁寧

□ 診療費の明細がわかりやすい

□ セカンドオピニオンに対応してくれる

□ 飼い猫があまり緊張しない獣医師さんがいる

主な品種のかかりやすい病気

同じ血統を合わせるため、病気の体質も遺伝されます

ネコの種別ごとにかかりやすい病気も様々

ネコは品種によって性格も異なれば、遺伝しやすい病気も違ってきます。

たとえば、大型のメインクーンやラグドールは肥大型心筋症にかかりやすいとされていますが、小型のシンガプーラは、重度の貧血を引き起こすピルビン酸キナーゼ欠損症などに注意が必要です。

一緒に暮らしたい品種がある場合は、性格の傾向と併せてどのような病気になりやすいのかも事前に調べておきましょう。

純血種のかかりやすい病気一覧

メインクーン

心臓病（肥大型心筋症）

アメリカンショートヘア

心臓病（肥大型心筋症）

アビシニアン

血液の病気・肝臓病・皮膚疾患

ペルシャ

肝臓病・眼病・皮膚疾患

ノルウェイジャンフォレストキャット

糖原病

シンガプーラ

ピルビン酸キナーゼ欠損症

スコティッシュフォールド

骨軟骨異形成症・心臓病（肥大型心筋症）

ロシアンブルー

末梢神経障害

ラグドール

心臓病（肥大型心筋症）

ネコの病気一覧 接種可能なワクチン

正しい知識でネコの健康を守りましょう

タマちゃーん
診察室へどうぞ

定期的なワクチンで ネコの病気を未然に防ぐ

猫エイズウイルス感染症や猫白血病ウイルス感染症など、ネコの伝染病はワクチンで予防可能なものが何種類かあります。生後2カ月目と3カ月目に接種したあとは、毎年1回のワクチン接種を行いましょう。

室内飼いであっても飼い主が持ち込んだ病原体で感染してしまうことがあります。また感染症のほか、膀胱炎や腎臓病などの泌尿器系・消化器系の病気もネコに多くあります。日頃からトイレや嘔吐などに気配りを。

年に一度の予防接種が大事

人間のように、ワクチンを子どもの頃に打っておけば、その病気に関して一生安心、というわけにはいきません。ネコが適切な免疫力を維持するためには、年に1回の追加接種が必要となります。

ノミやダニも要注意

外に出る機会のある飼い猫はダニやノミに感染してしまう場合があります。また、完全室内飼いを徹底していても、1階で暮らす場合は網戸の隙間などからノミが侵入してくることがあります。ノミは一度感染すると再発しやすいため、事前予防を徹底しましょう。

キスはNG

飼い猫のあまりのかわいさにキスしてしまう飼い主さんは、インターネットなどを見ても非常に多いです。しかし室内で暮らすネコにも人間へ感染する細菌が潜んでいます。パスツレラ症などはその代表例。肺炎などに発展することもあるので、要注意です。

MEMO

ネコの予防医学は日々進んでいます。
正しい知識を得るためにも
定期的な診断と予防接種を。

ネコの注意したい病気リスト

猫免疫不全ウイルス感染症（猫エイズ）

ネコ同士のケンカの傷で発症。発症すると完治は難しいが、発症しないことも。

症状：免疫力低下・慢性口内炎
予防：ワクチン接種・完全室内飼育の徹底

猫白血病ウイルス感染症

感染したネコの唾液に接触する、母猫のお腹の中で感染することも。

症状：食欲不振・発熱・下痢
予防：ワクチン接種・完全室内飼育の徹底

猫伝染性鼻気管炎

感染したネコとの直接接触や、空気中に飛び散った唾液などで感染する。

症状：くしゃみ・鼻水・発熱・結膜炎など
予防：ワクチン接種

猫汎白血球減少症

感染したネコとの接触で感染。致死率が高いウイルス性の病気。

症状：発熱・嘔吐・血便など
予防：ワクチン接種

猫カリシウイルス感染症

人にはうつらないネコ特有の風邪の一種。

症状：目やに・よだれ・くしゃみ・口内炎など
予防：ワクチン接種

猫クラミジア感染症

クラミジア感染のネコと接触することで感染。早期治療で治ることが多い。

症状：目やに・結膜炎・くしゃみ・せき
予防：ワクチン接種

猫伝染性腹膜炎

致死率の高いウイルス性の病気。腹膜炎や胸膜炎を起こす。

症状：腹水がたまる・食欲不振・下痢
予防：ワクチン接種

気管支炎・肺炎

こじらせた風邪が原因で発症する。進行が早いため早期発見が重要。

症状：せき・発熱・呼吸困難
予防：ワクチン接種

乳腺腫瘍

いわゆる乳がん。高齢の雌ネコに多く、肺などに転移しやすい。

症状：胸のしこりとはり・乳頭から黄色い液が出る
予防：避妊治療を早めに行う

糖尿病

血糖値が上がり飲水量が急増する。肥満猫がなりやすい。

症状：食事量・飲水量の増加・体重の減少
予防：食事管理と運動不足解消

甲状腺機能亢進症

甲状腺ホルモンの異常分泌で、エネルギーを大量消耗してしまう病気。

症状：食欲の増加・挙動不審・攻撃的になる
予防：症状の確認後の早期発見

膀胱結石

膀胱内に結石ができ、粘膜を刺激することで膀胱炎を引き起こす。

症状：血尿・頻尿
予防：水をよく飲める環境にする
尿路結石用の食事に変える

第5章

ネコにまつわる雑学

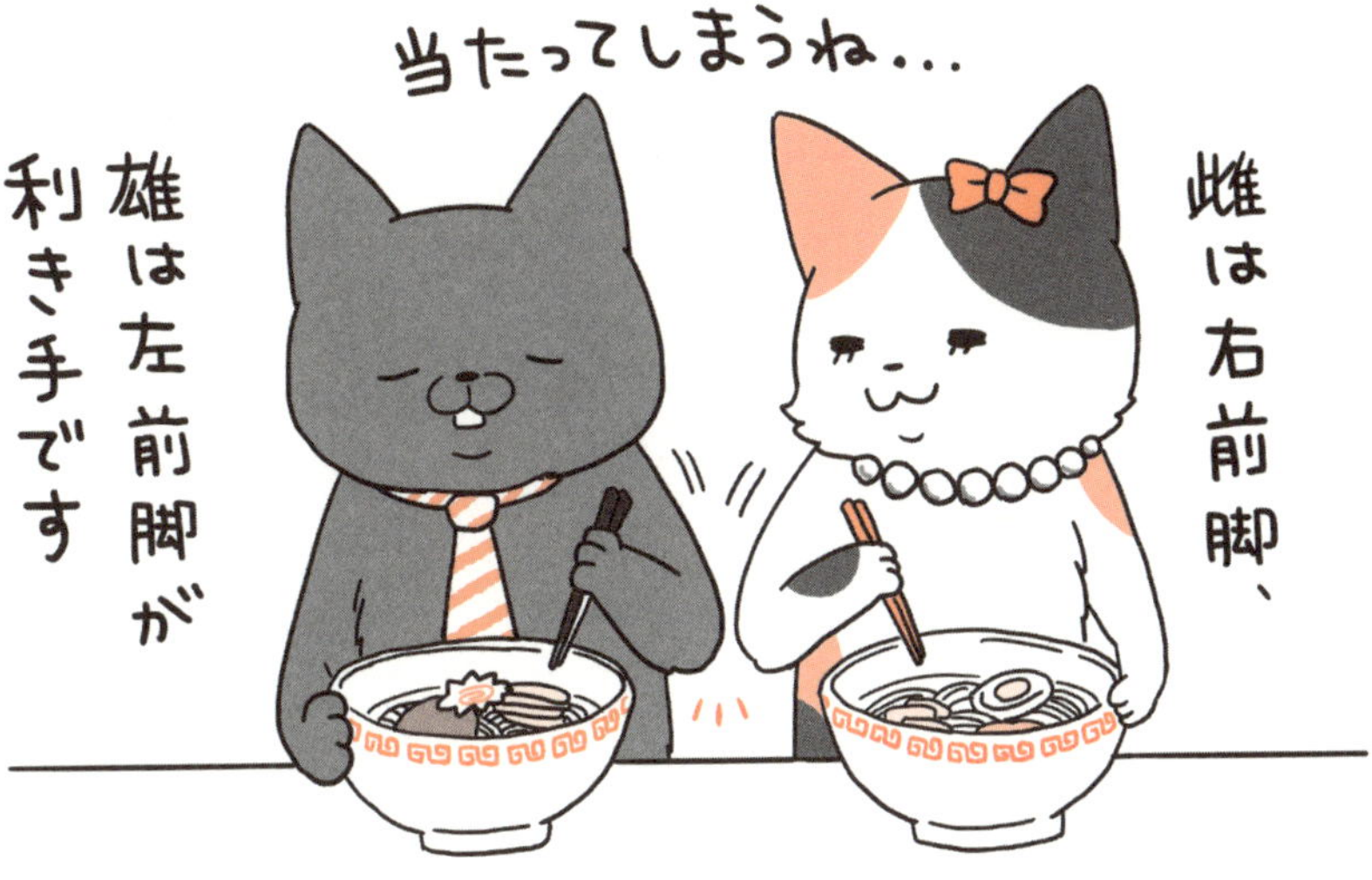

雌は右前脚、
雄は左前脚が
利き手です
当たってしまうね…

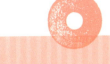

それ　それ――
5分後
体力の限界。
動かなくなったニャー
元気あり余っとるなトラ吉よ……
もっとだ!!
ゼェ
ゼェ
野性がだだ漏れてる……
うおおおおおお
さすがネコ科の獣よねー
ガオ
ふう
つかれた…
これがトラ吉のご先祖様……
リビアヤマネコ
トラ吉より
トラ感強いわ――…
?

いつも同じ猫じゃらしで
遊んでるけど
ずっと同じおもちゃじゃ
トラ吉も飽きてくるよね
私が
飽きて
きたよ…
おっ！
家にあるもので
簡単につくれる猫じゃらしが
結構あるのね……！
つくって
みよう
よし!!
新しいおもちゃ
いっぱいできたよー！
ニャーー!!

トラ吉はそれが気に入ったのか
古いくつ下で作ったおもちゃ
ほかにもね、こういうのもあるんだよ？
フン
フン
ねえ ねえ
……
無視っ
……
飼い主＜くつ下
くん くん
くん くん くん くん
くん
嗅ぎすぎじゃない…？
くん くん…
……
くわ〜〜
ふわーーー
この顔ネットで見たことある！
あっ

フレーメン反応っていうんだよね
みんな面白い顔になっちゃう
くん くん
くん
くん
くわーー
くん
くん くん
ふわわ〜
カシャー
トラ吉もいい顔してるわー
SNSにアップしよー
トラ吉かわいいからスター猫になっちゃうかも…
うふふ…
このおもちゃもなかなかいいニャ

ネコの祖先は砂漠生まれの「リビアヤマネコ」

今も残るネコの習性はここから始まりました

人間との共存の末 今の「イエネコ」へ

現在、私たちと暮らす「イエネコ」の祖先は、主に半砂漠地帯などに生息するヤマネコの「リビアヤマネコ」と言われています。

リビアヤマネコは、古代エジプトで家畜として飼われたことがきっかけで、人間と共に生活する順応性を身につけました。食糧である野ネズミが多い人間の集落は、リビアヤマネコが生き抜く上でも好都合だったのです。

そうして子孫を増やすうちに、イエネコという新しい種が生まれたと考えられています。

これで納得、ネコの習性

リビアヤマネコは野ネズミや野鳥などの小動物を狩るために、優れた身体能力を有していました。現在のネコに通じる点として、高い跳躍力や暗所での優れた視野などが挙げられます。また外敵から身を守るために木の狭い穴などを好みました。これもそっくり。

エジプトでは女神に

古代エジプトで人との共存が進んだリビアヤマネコ。さらに時代が進むと、ネコはエジプト人の間で「バステト」という女神として祀り上げられるようになりました。近年、ネコを丁重に葬っていたことを裏づける発見も世界各地の遺跡で見つかっています。

野生のヤマネコと人の共存関係

古代エジプトに流れる肥沃なナイル川周辺は巨大な穀物地帯でしたが、同時に野ネズミによる被害に苦しんでいました。そこに現れたのが野ネズミを好物とするリビアヤマネコ。エジプト人はリビアヤマネコを保護し、共に生きる道を選んだのです。

MEMO

ネコの女神・バステトの姉として、ライオンの女神セクメトも古代エジプトでは崇拝されました。

ネコが日本にやってきたのは平安時代？

いつの時代にもネコ好きはいたのでした

天皇もネコが大好きでした

日本のネコは、中国大陸からやってきたネコが土着したことが始まりです。6世紀の仏教伝来の際、経典をネズミから守るためにネコも船に乗せられてきた、という説が有力ですが、確かな記録は残っていません。

日本の書物にネコが初めて登場するのは宇多天皇の日記で、そこには「唐猫《からねこ》」の美しさを称賛する内容が記されています。そのため、ネコは奈良時代から平安時代の初期頃に渡来したのではないかとも考えられています。

船乗りの大事な味方

食料を食い荒らし船乗りを困らせる野ネズミ。貿易商人たちは貴重な食糧を守るために野ネズミを狩るネコを船に同乗させました。そのうちネコ自体が珍しい動物として各地で注目を集め始めます。その結果、ネコは世界中の人々の手に渡り、現在も共に暮らしているんですね。

浮世絵にもネコがたくさん！

江戸時代にネコの人気は一層高まり、ネコを題材にした浮世絵なども数多く描かれました。代表的な例として、歌川国芳や葛飾北斎が挙げられます。特に歌川国芳はかなりのネコ好きで知られ、「鼠よけの猫」など数多くの作品を残しています。

物語でも大活躍

ネコ好きは絵師・画家に留まらず、文豪にまで及びます。夏目漱石の代表作に挙げられる『吾輩は猫である』は、名前のないネコが主人公の小説。漱石は小説のモデルとなったネコが亡くなったとき、裏庭に墓をつくり、ネコのために一句詠んだといいます。

MEMO

宮沢賢治も多くの作品でネコを題材に
取り上げていますが、ネコ自体は苦手だったそうです。

赤ちゃんネコの目の色「キトゥンブルー」

生まれて2、3カ月間だけのレアな目の色

ネコの目の色は成長後のお楽しみに

生後10日～2週間頃の子猫の目の色は、灰色から青色であることがほとんどです。これは、虹彩にメラニン色素が定着していないために見られる色で、「キトゥンブルー」と呼ばれます。2カ月齢くらいから虹彩に色素が定着し始め、本来の目の色に変化していくのです。たとえば、ヒマラヤンなどのカラダの末端部の毛色が濃い「ポインテッド」という品種は、遺伝子の関係で、成長とともにキトゥンブルーからブルーの目に変化します。

ネコの血液型は地域によって違う？

アメリカ東海岸のネコはすべてA型という調査結果も

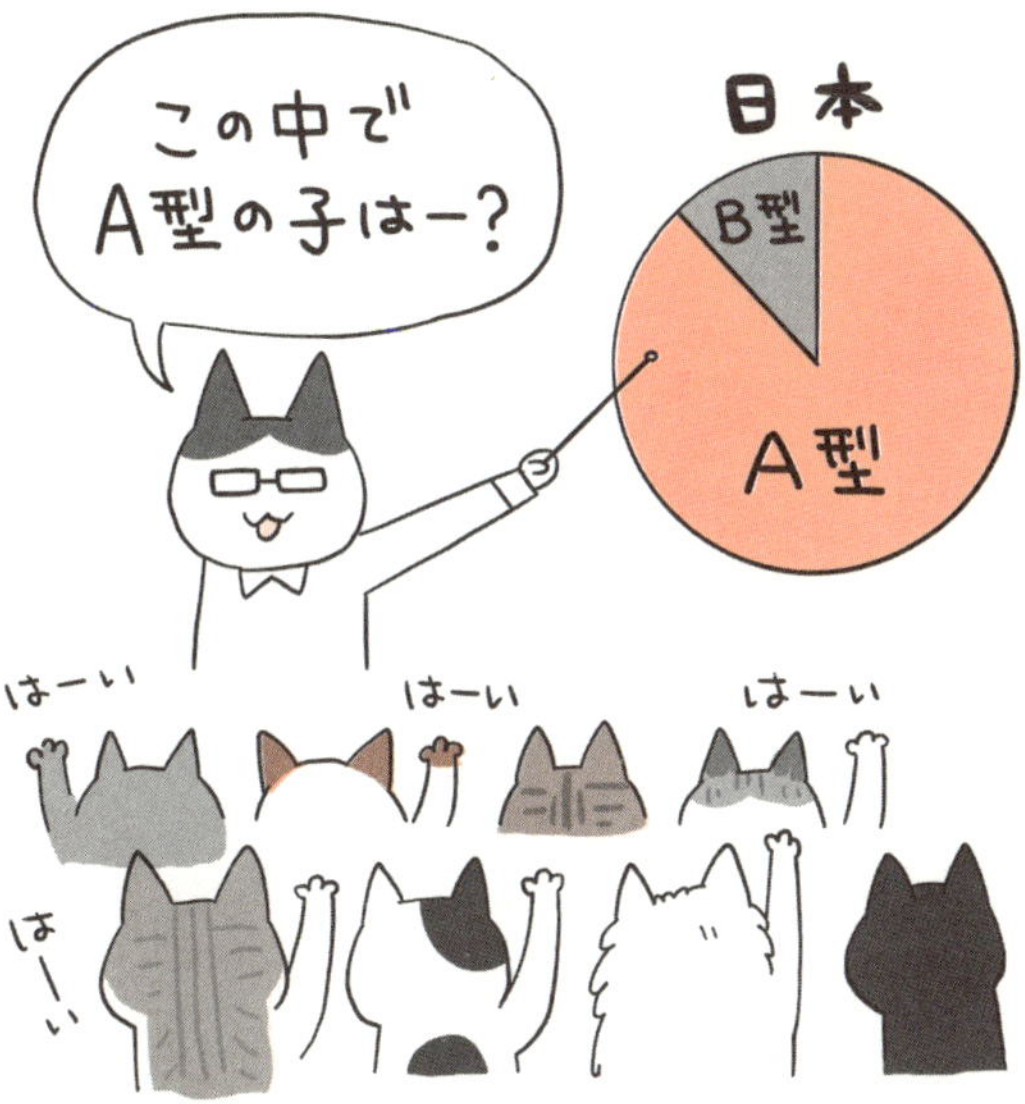

品種と地域でほぼ決まっている

ネコの血液型にはA型とB型（ごく稀にAB型）がありますが、ネコが住んでいる国で、血液型の傾向がおよそ決まってくることがわかっています。イタリアの調査結果によると、日本ではA型が多く、アメリカではほとんどがA型、イングランドやオーストラリアではB型の割合がやや多いようです。ちなみに品種では、アメリカンショートヘアやシャムネコはほぼすべてがA型、ブリティッシュショートヘアはB型が多いとされています。

三毛猫の雄は存在する？

三毛猫の雄は今も昔も奇跡のまま

本物は一生に一度見られるか見られないか

白、茶、黒の3色の毛色を持った「三毛猫」は、そのほとんどが雌であることをご存知でしょうか。実は、三毛猫の遺伝子の染色体には「X」が2つ必要ですが、雄の染色体は「XY」で、「X」がひとつしかありません。一方、雌の染色体は「XX」と「X」が2つあるため、必然的に三毛猫はほぼ雌となるのです。ごく稀に、遺伝子の異常で雄の三毛猫が誕生することがありますが、その確率は数千分の1。雄の三毛猫は極めて珍しい存在なのです。

願かけには三毛猫の雄

ごくごく稀にしか生まれない雄の三毛猫は、非常に縁起のいいものとされ、航海の安全を祈る船乗りたちから引っ張りだこでした。高額で取引されていた時代もあったと言います。

南極越冬隊の守り神

昭和31年（1956）に派遣された南極越冬隊に1匹の三毛猫の雄が同伴しました。三毛猫の「タケシ」です。南極越冬という厳しい試練に対する願かけとして、イヌやカナリヤと共に乗り込んだタケシは、見事部隊を越冬の成功へと導いたのでした。

生殖機能が弱いことも……

染色体の異常で生まれる三毛猫の雄は、生殖機能が通常の雄ネコに比べ弱いことが多いです。突然変異による希少種というイメージからか、病弱だったり短命というイメージを抱かれがちですが、寿命はほかのネコと比べても大きな差はなく、一概にそうとは言えないようです。

MEMO

タケシが南極に降りたあとの船は、帰り道の海上で座礁してしまいます。やっぱり縁起がいい？

笑顔に見えるだけ？「フレーメン反応」

笑わないネコを見て笑いましょう

特徴的なにおいを嗅ぐとつい顔に出ちゃう

ネコがにおいを嗅いだあと、口を半開きにして、笑ったような、はたまたびっくりしたような顔をすることがあります。これは「フレーメン反応」といって、口内の上顎にあるヤコブソン器官という部分で、主に性フェロモンの成分を感じ取ろうとしているのです。鼻だけでなく、口を開けてヤコブソン器官を空気にさらすことで、より多くのにおいを取り込んでいる仕草なのですが、その微妙な表情はときに「変顔」として私たちを和ませてくれます。

ネコはクサイものがお好き？

フレーメン反応はネコがフェロモンを感じたときに見せる反応です。フェロモンを感じるものはネコそれぞれですが、よく例に挙げられるのは飼い主さんの着古したくつ下。指先のにおいを嗅いでは嬉しそうにしているなんて不思議ですね。

ネコ以外にも……！

フレーメン反応はネコ特有のものではありません。牛や馬、山羊にも同様の反応が見られます。馬のフレーメン反応は特徴的で、相手を挑発するように歯茎をニッと見せつけます。動物園で見られたらラッキーかもしれません。

シチュエーションで様々

フレーメン反応はより詳細にフェロモンを取り入れようとして発生する反応ですが、ネコはフェロモンから得られる相手の情報を非常に大切にします。知っているネコか、性別はどっちかなど、シチュエーションによってあの顔の意味も様々なのです。

MEMO

ネコは笑ったような顔になりますが、ライオンのフレーメン反応はしかめっ面になります。

スター猫が我が家から!? ネコと写真を楽しむ

飼い猫に特徴があるなら、それはもう立派な才能です

私はこれがいいと思う
いやいやこっちのほうが

ネコとの思い出づくりを皆で楽しむ

かわいい我が家のネコの魅力を伝えたいと、飼い主さんが写真や動画をブログやＳＮＳに投稿したことで話題になり、写真集が出版されるほどの人気者になったネコがいます。

今やスター猫となった「どんこ」も、飼い主さんが成長日記として始めたブログがきっかけで、カレンダーや写真集が発売されるほど人気になりました。何気ない日常の１コマを切り取った思い出づくりから、明日のスター猫が生まれているのです。

まずはカメラに慣れさせて

お互いの目を合わせるのを嫌うネコに、大きな一眼レフなどで迫ったら、こわがってしまうのは当たり前です。まずは普段から近くに置いてネコに慣れさせておけば、大事なシャッターチャンスも見逃さずに一石二鳥です。

自慢のネコを発信してみる

今はインターネットで情報を共有するサービスが普及して、簡単に飼い猫の情報を共有できるようになりました。Twitterやインスタグラムなどの SNS でネコの写真を発信すれば、ネコ好きの環が広がるかもしれません。

類は友を呼ぶ？

SNS でネコに関する発信をしていれば、おのずとネコ好きの環は広がります。愛する飼い猫が人気者になる様子は嬉しいものですし、同時に多くの飼い主さんたちの情報が集まるので、勉強になることもたくさんあります。

MEMO

子猫の頃から今までの思い出は一生もの。
できるだけたくさんの思い出を撮っておきましょう。

ネコが喜ぶグッズづくり

ネコは新しいもの好き。つまり飽きやすい動物なのです。
いつも新しい遊び道具を求めています。
簡単につくれる遊び道具でネコを今よりもっと喜ばせてあげませんか。

ティッシュ箱＋レジ袋

使い終わったティッシュ箱に、丸めたレジ袋などを入れたら、入れたものが出ない程度の穴を箱に開けます。中からカタカタ音がすればネコは気になって夢中に。

アルミ箔＋紐

アルミ箔を丸めたものを紐で結うだけなので超簡単。ですがこのおもちゃは万人ならぬ万猫受けします。

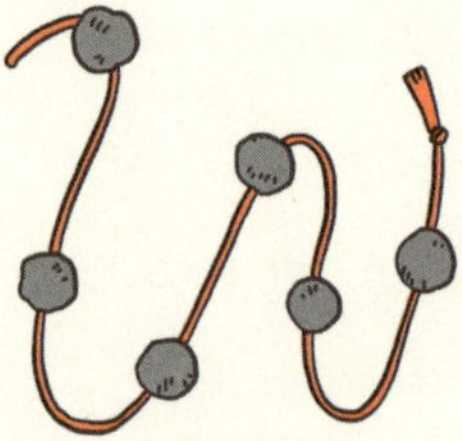

洗濯物かご＋アルミ箔やビニール袋

洗濯物を入れておくやわらかいネット状のカゴに丸めたアルミ箔やビニール袋を入れます。軽く揺らして中身を見せれば、もうネコはハンターの目つきになっているはず。

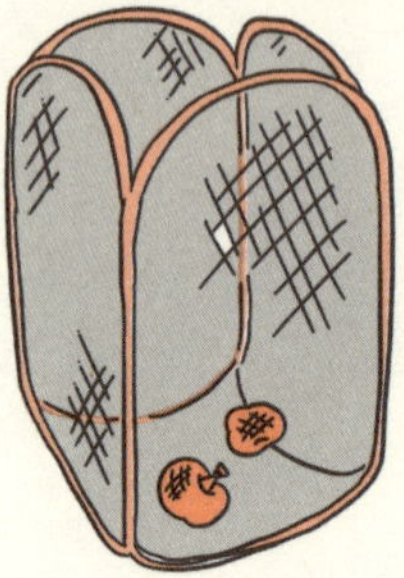

ポイント

ネコの手づくりおもちゃは市販のものに比べ耐久度が心配です。誤飲を防ぐためにも飼い主さんが見守るもとで遊ぶこと、頑丈につくることを心がけましょう。

着古したくつ下＋レジ袋

着古したくつ下の中に丸めたレジ袋を入れて、レジ袋が出ないようにきつく縛るだけ！　噛むとクシャッと音がして興味津々です。

トイレットペーパー＋鈴

トイレットペーパーの芯はそのままでも転がしても楽しめますが、中に鈴などを入れて両端をしっかり塞げば、誤飲の心配なく、鈴遊びができます。

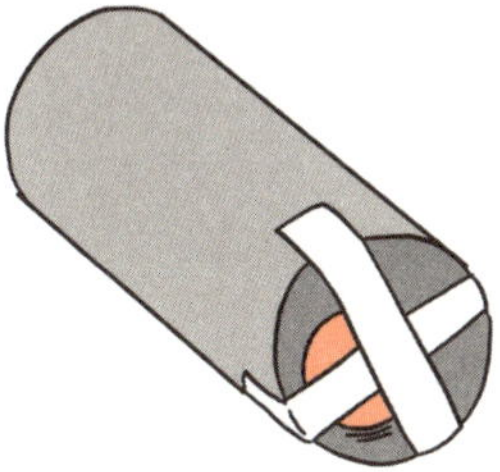

ペットボトル＋鈴

ペットボトルや大きめのカプセルなどの中に鈴を入れて口を閉めれば、いつまでもネコが追いかけ回します。誤飲しないよう大きめのカプセルを選んで。

おしぼり＋紐

おしぼりやミニタオルの中央を紐で結い、ネズミに見えるようにこまめに引っ張れば、狩りごっこの始まりです！

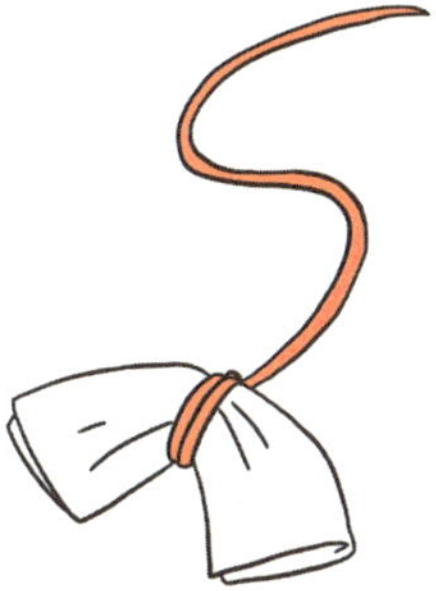

おわりに

ネコのあの小さなカラダにはたくさんの秘密が隠れています。五感や運動能力など人間を遥かにしのぐ超能力を持っているのです。また、昔からネコはイヌと比べて何を考えているのかわかりにくいと言われています。

しかし控えめではありますが、ネコも気持ちを我々に伝えようとしています。そんな彼らの秘めた「力」と、表に出さない「気持ち」を本書では丸裸にしています。ネコの秘密を知り、改めてその魅力の虜となったのではないでしょうか？

一緒に生活してゆく上で、ネコと触れ合い、カラダと心をよく知ることはとても大切なことです。そうすることで病気の早期発見にもつながり、ネコと我々人間の、快適で健康的な「ネコ生活」が実現するのだと信じています。

本書が、ネコと人間のよりよい生活の一助になれば、こんなに嬉しいことはありません。

最後に、共に暮らし、私にネコのことを教えてくれたネコたち（うにゃ、PUMA, QUEEN, KIGHT）と、診療で携わらせていただいたすべてのネコに心より御礼申し上げます。

東京猫医療センター　服部 幸

STAFF

編集……………………坂尾昌昭、小芝俊亮、山本豊和、
稲佐知子（G.B.）、石川裕二（石川編集工務店）

執筆協力……………………森田美喜子、坂上恭子、上野敦子、
小泉なつみ、金澤英恵

カバーデザイン……………岐村悦子（プールグラフィックス）

本文デザイン………………岐村悦子（プールグラフィックス）

本文 DTP……………………松田祐加子（プールグラフィックス）

カバー・本文イラスト……卵山玉子

東京猫医療センター院長
服部 幸 (はっとり ゆき)

獣医師。北里大学獣医学部卒業。動物病院勤務後、2005年より都内の猫専門病院の分院長を務める。12年に「東京猫医療センター」を開院し、14年には国際猫医学会からアジアで2件目となる「キャット・フレンドリー・クリニック」のゴールドレベルに認定される。その後も長く猫の専門医療に携わる。著書に『猫とわたしの終活手帳』(トランスワールドジャパン)、『ネコの本音の話をしよう』(ワニブックスPLUS新書)など多数。

イラストでわかる! ネコ学大図鑑

2016年 7月29日 第1刷発行
2023年 1月25日 第5刷発行

著者　服部 幸

発行人　蓮見清一
発行所　株式会社 宝島社
〒102-8388
東京都千代田区一番町25番地
電話　営業:03-3234-4621
　　　編集:03-3239-0928
https://tkj.jp

印刷・製本　株式会社 光邦

ISBN 978-4-8002-5799-4